U0294352

湖北水利统计年鉴

2022

《湖北水利统计年鉴》编委会　编

中国水利水电出版社
www.waterpub.com.cn
·北京·

图书在版编目（CIP）数据

湖北水利统计年鉴. 2022 / 《湖北水利统计年鉴》编委会编. -- 北京 : 中国水利水电出版社, 2023.10
ISBN 978-7-5226-1865-4

Ⅰ. ①湖… Ⅱ. ①湖… Ⅲ. ①水利建设－统计资料－湖北－2022－年鉴 Ⅳ. ①F426.9-54

中国国家版本馆CIP数据核字(2023)第190428号

书　　名	**湖北水利统计年鉴 2022** HUBEI SHUILI TONGJI NIANJIAN 2022
作　　者	《湖北水利统计年鉴》编委会　编
出版发行	中国水利水电出版社 （北京市海淀区玉渊潭南路 1 号 D 座　100038） 网址：www.waterpub.com.cn E-mail：sales@mwr.gov.cn 电话：（010）68545888（营销中心）
经　　售	北京科水图书销售有限公司 电话：（010）68545874、63202643 全国各地新华书店和相关出版物销售网点
排　　版	中国水利水电出版社微机排版中心
印　　刷	涿州市星河印刷有限公司
规　　格	210mm×297mm　16 开本　12 印张　356 千字
版　　次	2023 年 10 月第 1 版　2023 年 10 月第 1 次印刷
定　　价	**90.00** 元

凡购买我社图书，如有缺页、倒页、脱页的，本社营销中心负责调换

版权所有·侵权必究

《湖北水利统计年鉴 2022》
编委会和编写人员名单

编　委　会

主　　任：孙国荣

副 主 任：王　煌

委　　员：（以姓氏笔画为序）

王云鹏　刘　丰　刘英萍　张笑天　易兴涛

姜俊涛　熊　渤

编 写 人 员

主　　编：王　煌　王平章

副 主 编：吴　笛　周念来　李　璐

执行编辑：周　驰　胡艳欣　冯　鑫

编辑人员：（以姓氏笔画为序）

王淑琪　刘正军　李　进　李　菁　李　超

李　颖　吴雪洁　宋　航　陈应新　张晓涛

张秀莲　周玉琴　赵　杰　梁　艳　喻　婷

编 者 说 明

一、本年鉴收录了湖北省2022年水资源、工程设施、建设投资及其他相关统计数据，共分为综述、正文和附录三大部分。正文部分共收录了江河湖泊、水利工程、农业灌溉、水土保持、水利建设投资、水利服务业等六个方面的内容，篇末附主要指标解释。

二、本年鉴基础数据来源湖北省水利统计综合信息年报、水利建设投资年报和水利服务业统计年报。同时，根据湖北省水利厅职能处室提供的资料，适当补充和修正。

三、本年鉴涵盖湖北省所有县级及以上行政区，如果行政区未列入统计表中，表明该行政区无此项统计内容。

四、本年鉴“水利建设投资”类对象按“属地原则”统计；其余各类对象，坚持“在地原则”统计；工程数据界定以“完建”为准。

五、因“四舍五入”而产生的数据汇总合计误差，本年鉴未做评估和调整。表中“空格”表示数据不详或无该项统计数据，汇总时按“0”计算。

编者

2023年8月

目　　录

三、农业灌溉

四、水土保持

五、水利建设投资

六、水利服务业

附录

综　述

一、水利工程概述

水库 6768 座，总库容 1247.96 亿立方米，其中大型水库 75 座，中型水库 288 座，小型水库 6405 座。与上年相比，2022 年全省水库有 1 座小（1）型降等为小（2）型，新增 3 座小（1）型、1 座小（2）型，减少 3 座小（1）型、90 座小（2）型。

水电站 1551 座，其中大型水电站 9 座，中型 20 座，小型 1522 座。与上年相比，2022 年新增中型水电站 1 座，减少小型水电站 38 座。

泵站 47480 处，其中大型泵站 75 处，中型泵站 330 处，小型泵站 47075 处。与上年相比，2022 年新增中型泵站 11 处，减少小型泵站 64 处。

水闸 21999 座，其中大型 25 座，中型 185 座，小型 21789 座，最大过闸流量大于 5 立方米每秒规模以上水闸 6790 座。与上年相比，2022 年新增大型水闸 1 座、中型水闸 18 座，减少小型水闸 29 座。

农村集中供水工程 14331 处，其中城镇管网延伸工程 119 处，万人工程 715 处，千人工程 1668 处，千人以下工程 11829 处。农村集中供水人口 4224.75 万人。

堤防长度 24377.12 公里，其中 1 级堤防长度 540.41 公里，2 级堤防长度 2838.13 公里，3 级堤防长度 2722.36 公里。

总灌溉面积 5125.22 万亩，其中耕地灌溉面积 4813.25 万亩，林地灌溉面积 158.69 万亩，园地灌溉面积 142.95 万亩，牧草地灌溉面积 10.32 万亩。全省规模以上灌区数量 1126 处，其中 30 万亩以上灌区 40 处。

2022 年新增水土流失综合治理面积 167.17 千公顷。

二、水利建设投资概述

2022 年全省计划投资 603.36 亿元，比去年增长 157.61 亿元，增幅 35.36%。其中中央投资 114.44 亿元，地方政府投资 308.79 亿元，贷款、企业和私人投资、债券及其他投资 180.12 亿元。

2022 年全省完成投资 597.54 亿元，比去年增长 242.19 亿元，增幅 68.16%。投资主要用于水土保持及生态修复工程、防洪减灾能力建设、农村水利建设等方面。

三、水利服务业概述

2022 年全省年末共有水利单位 1947 个，其中独立核算单位 1472 个，非独立核算单位 475 个。新增水利单位 6 个，减少水利单位 36 个，增减变动的单位主要为各地水利站、用水者协会等。

2022 年年末水利行业从业人数为 45132 人，其中在岗人数 39512 人。2022 年年末水利行业固定资产共 732.01 亿元。

一、江河湖泊

JIANG HE HU PO

图片来源：张毕湖综合治理后实景

1-1 全省河流数量（按流域）

流　域	水　　系	河流数量/条	河流总长度/km
长江	乌江水系	31	833
	乌江至洞庭湖区间水系	180	5698
	洞庭湖水系	98	1503
	洞庭湖至汉江区间水系	264	3386
	汉江水系	377	12196
	汉江至鄱阳湖区间水系	266	8193
	长江干流	1	1151
淮河	淮河洪泽湖以上水系	15	297
全省合计		**1232**	**33258**

注　1. 统计流域面积大于等于50平方公里的河流。
2. 数据来源湖北省第一次水利普查成果。

1-2　全省河流数量（按地区）

行　政　区　划	流经河流数量/条	河流数量在全省占比/%
武汉市	58	4.7
黄石市	31	2.5
十堰市	152	12.3
宜昌市	135	11
襄阳市	126	10.2
鄂州市	21	1.7
荆门市	94	7.6
孝感市	103	8.4
荆州市	160	13
黄冈市	110	8.9
咸宁市	64	5.2
随州市	65	5.3
恩施土家族苗族自治州	161	13.1
仙桃市	36	2.9
潜江市	29	2.4
天门市	37	3
神农架林区	24	1.9

注　1. 统计流域面积大于等于50平方公里的河流。
2. 跨地市河流在各地数据中重复统计。
3. 数据来源湖北省第一次水利普查成果。

1-3 主要支流基本情况

河流名称	河流长度/km	流域面积/km²	其中：湖北省境内流域面积/km²
汉江	1528	151147	58063
唐白河	363	23975	4576
酉水	484	19344	2680
澧水	407	16959	3117
清江	430	16765	16673
丹江	391	16138	1385
府澴河	357	13833	13771
堵河	345	12450	10940
唐河	260	8596	1189
沮漳河	313	7290	7290
南河	263	6514	6514
金钱河	241	5646	971
阿蓬江	244	5346	2811
富水	197	5201	4724
溇水	251	5022	2771
郁江	176	4562	1621
举水	165	4416	4351
陆水	183	3866	3858
澴水	145	3618	3557
巴水	152	3589	3589
香溪河	101	3214	3214
蛮河	188	3207	3207
磨刀溪	189	3049	741

注 统计流域面积大于等于3000平方公里的河流。

1-4 各地湖泊数量和面积

行政区划	湖泊数量/个		湖泊面积/km²
	总数	其中：城中湖	
合计	**755**	**102**	**2706.85**
武汉市	143	38	530.04
黄石市	69	5	260.28
宜昌市	11	2	14.06
鄂州市	50	3	384.74
荆门市	46	5	194.59
孝感市	29	4	153.05
荆州市	183	20	574.92
黄冈市	114	16	237.45
咸宁市	39	1	291.56
仙桃市	10	3	14.58
天门市	45	4	37.38
潜江市	15	1	13.06
神农架林区	1		1.15

注 1. 统计面积大于等于0.067平方公里的乡村湖泊及所有城中湖。
2. 数据来源湖北省第一次水利普查成果。
3. 12个跨地区湖泊按主水面所在地统计。
4. 湖泊面积是指湖泊常年水面面积。

1-5 主要湖泊

湖泊名称	主要所在地	水面面积/km^2
洪湖	荆州市监利市、洪湖市	308
梁子湖	武汉市江夏区； 鄂州市梁子湖区	271
长湖	荆州市荆州区、沙市区； 荆门市沙洋县； 潜江市	131
斧头湖	武汉市江夏区； 咸宁市咸安区、嘉鱼县	126
西凉湖	咸宁市咸安区、嘉鱼县、赤壁市	85.2
龙感湖	黄冈市黄梅县、龙感湖管理区； 安徽省安庆市	60.9
牛山湖	武汉市东湖新技术开发区	57.2
大冶湖	黄石市西塞山区、阳新县、大冶市	54.7
汈汊湖	孝感市汉川市	48.7
汤逊湖	武汉市洪山区、江夏区、东湖新技术开发区	47.6
保安湖	黄石市大冶市； 鄂州市梁子湖区	45.1
鲁湖	武汉市江夏区	44.9
网湖	黄石市阳新县	40.2
赤东湖	黄冈市蕲春县	39
后官湖	武汉市蔡甸区、经济技术开发区	37.3
涨渡湖	武汉市新洲区	35.8
东湖	武汉市东湖生态旅游风景区	33.9
黄盖湖	咸宁市赤壁市； 湖南省临湘市	32
豹澥湖	武汉市东湖新技术开发区； 鄂州市梁子湖区、华容区	28
东西汊湖	孝感市应城市、汉川市	27.4
太白湖	黄冈市武穴市、黄梅县	27.3
三山湖	黄石市大冶市； 鄂州市鄂城区	20.2

注 跨省湖泊水面面积为湖北省境内的水面面积。

二、水利工程

SHUI LI GONG CHENG

图片来源：远安县水美乡村双河堰实景

2-1 2020—2022年水库数量

单位：座

行政区划	2020年		2021年		2022年	
	总数	其中：大型水库数	总数	其中：大型水库数	总数	其中：大型水库数
湖北省	**6836**	**75**	**6876**	**74**	**6768**	**75**
武汉市	263	3	262	3	261	3
黄石市	288	1	286	2	285	2
十堰市	521	6	542	9	515	10
宜昌市	461	2	459	7	455	7
襄阳市	1150	14	1208	14	1195	14
鄂州市	36		36		36	
荆门市	753	7	728	7	709	7
孝感市	454	1	449	1	447	1
荆州市	114	2	114	2	114	2
黄冈市	1238	12	1236	12	1200	12
咸宁市	554	4	551	4	549	4
随州市	704	8	707	8	706	8
恩施土家族苗族自治州	263	5	267	5	259	5
潜江市	1	1				
天门市	32		27		27	
神农架林区	4		4		4	
保密单位					6	

2-2 2022年水库数量

单位：座

行政区	合计	大型			中型	小型		
		大（1）型	大（2）型	小计		小（1）型	小（2）型	小计
湖北省	**6768**	**11**	**64**	**75**	**288**	**1217**	**5188**	**6405**
武汉市	**261**		**3**	**3**	**6**	**40**	**212**	**252**
蔡甸区	10						10	10
江夏区	94					13	81	94
黄陂区	106		2	2	5	23	76	99
新洲区	40		1	1	1	3	35	38
东湖新技术开发区	11					1	10	11
黄石市	**285**	**1**	**1**	**2**	**6**	**51**	**226**	**277**
西塞山区	2						2	2
下陆区	3					1	2	3
铁山区	3					1	2	3
阳新县	167	1	1	2	3	25	137	162
大冶市	110				3	24	83	107
十堰市	**515**	**3**	**7**	**10**	**22**	**81**	**402**	**483**
茅箭区	10				2	2	6	8
张湾区	17	1		1		3	13	16
郧阳区	87				4	14	69	83
郧西县	107		2	2	3	12	90	102
竹山县	66	1	2	3	3	15	45	60
竹溪县	47		2	2	5	5	35	40
房县	78		1	1	3	15	59	74
丹江口市	103	1		1	2	15	85	100
宜昌市	**455**	**3**	**4**	**7**	**32**	**111**	**305**	**416**
西陵区	3	1		1			2	2
伍家岗区	5					1	4	5
点军区	15				1	1	13	14
猇亭区	6					2	4	6
夷陵区	69	1	1	2	4	12	51	63
远安县	56				3	10	43	53
兴山县	16		1	1	1	3	11	14
秭归县	20				2	5	13	18
长阳土家族自治县	14	1		1	1	4	8	12
五峰土家族自治县	10				3	4	3	7

续表

行政区	合计	大型			中型	小型		
		大（1）型	大（2）型	小计		小（1）型	小（2）型	小计
宜都市	47		1	1	5	9	32	41
当阳市	127		1	1	7	45	74	119
枝江市	67				5	15	47	62
襄阳市	**1195**		**14**	**14**	**60**	**181**	**940**	**1121**
襄城区	55		1	1	2	4	48	52
樊城区	26				4	7	15	22
襄州区	271		2	2	6	34	229	263
南漳县	139		4	4	1	15	119	134
谷城县	87		1	1	7	12	67	79
保康县	20		1	1	2	6	11	17
老河口市	57		2	2	7	19	29	48
枣阳市	383		2	2	20	63	298	361
宜城市	127		1	1	10	15	101	116
东津区	30				1	6	23	29
鄂州市	**36**				**1**	**7**	**28**	**35**
梁子湖区	17					2	15	17
鄂城区	19				1	5	13	18
荆门市	**709**	**1**	**6**	**7**	**31**	**175**	**496**	**671**
东宝区	104	1		1	4	27	72	99
掇刀区	43				4	17	22	39
京山市	224		3	3	8	37	176	213
沙洋县	62				7	33	22	55
钟祥市	248		3	3	8	56	181	237
屈家岭管理区	28					5	23	28
孝感市	**447**		**1**	**1**	**16**	**96**	**334**	**430**
孝南区	25				1	6	18	24
孝昌县	40		1	1	2	10	27	37
大悟县	133				8	23	102	125
云梦县	7					1	6	7
应城市	99				2	17	80	97
安陆市	143				3	39	101	140
荆州市	**114**		**2**	**2**	**6**	**19**	**87**	**106**
荆州区	30		1	1	2	6	21	27
公安县	6				1	2	3	5
石首市	18					1	17	18

续表

行政区	合计	大型			中型	小型		
		大（1）型	大（2）型	小计		小（1）型	小（2）型	小计
松滋市	60		1	1	3	10	46	56
黄冈市	**1200**	**1**	**11**	**12**	**38**	**192**	**958**	**1150**
黄州区	2					1	1	2
团风县	84		1	1	6	8	69	77
红安县	163		2	2	4	23	134	157
罗田县	173		1	1	7	28	137	165
英山县	83		1	1	2	17	63	80
浠水县	68	1		1	2	17	48	65
蕲春县	179		2	2	4	30	143	173
黄梅县	22		1	1	2	4	15	19
麻城市	326		3	3	7	44	272	316
武穴市	100				4	20	76	96
咸宁市	**549**		**4**	**4**	**19**	**78**	**448**	**526**
咸安区	101		1	1	1	7	92	99
嘉鱼县	18		1	1	1	7	9	16
通城县	96				6	15	75	90
崇阳县	109		1	1	4	11	93	104
通山县	95				4	16	75	91
赤壁市	130		1	1	3	22	104	126
随州市	**706**		**8**	**8**	**21**	**98**	**579**	**677**
曾都区	111		1	1	4	11	95	106
随县	392		5	5	12	53	322	375
广水市	203		2	2	5	34	162	196
恩施土家族苗族自治州	**259**	**2**	**3**	**5**	**28**	**85**	**141**	**226**
恩施市	44		1	1	5	10	28	38
利川市	54				6	15	33	48
建始县	33				4	6	23	29
巴东县	15	1		1		5	9	14
宣恩县	16		1	1	3	10	2	12
咸丰县	19		1	1	2	8	8	16
来凤县	55				4	22	29	51
鹤峰县	23	1		1	4	9	9	18
省直管	**37**				**2**	**3**	**32**	**35**
天门市	27					2	25	27
神农架林区	4				2	1	1	2
保密单位	6						6	6

2-3　2020—2022 年水库库容

单位：万 m³

行政区划	2020 年		2021 年		2022 年	
	总库容	其中：大型水库库容	总库容	其中：大型水库库容	总库容	其中：大型水库库容
湖北省	**12646607**	**11331492**	**12382311**	**11071266**	**12479577**	**11164926**
武汉市	86904	52122	87116	52122	86696	52122
黄石市	249892	220270	250410	220270	250379	220270
十堰市	4075446	3994353	3876488	3791748	3896794	3812948
宜昌市	5161658	5024110	5157208	5024110	5229855	5096610
襄阳市	492249	240019	492282	239842	491630	239842
鄂州市	5313		5320		5320	
荆门市	513869	360279	517373	360279	514842	360279
孝感市	108362	10010	107809	10010	107833	10010
荆州市	83453	63353	83429	63393	83419	63353
黄冈市	505061	325176	492233	316746	493964	316746
咸宁市	207364	138970	205082	138016	204982	138016
随州市	293756	190880	290434	190880	291038	190880
恩施土家族苗族自治州	805954	663450	808546	663850	814009	663850
潜江市	48500	48500				
天门市	2054		1821		1821	
神农架林区	6770		6761		6761	
保密单位					233	

2-4 2022年水库总库容

单位：万 m^3

行政区	合计	大型			中型	小型		
		大（1）型	大（2）型	小计		小（1）型	小（2）型	小计
湖北省	**12479576.50**	**9631850.00**	**1533076.00**	**11164926.00**	**822155.60**	**345319.95**	**147174.95**	**492494.90**
武汉市	**86696.16**		**52122.00**	**52122.00**	**18872.00**	**9592.13**	**6110.03**	**15702.16**
蔡甸区	246.63						246.63	246.63
江夏区	4405.75					2229.18	2176.57	4405.75
黄陂区	66964.61		41704.00	41704.00	17228.00	5753.01	2279.60	8032.61
新洲区	14144.48		10418.00	10418.00	1644.00	1131.01	951.47	2082.48
东湖新技术开发区	934.69					478.93	455.76	934.69
黄石市	**250378.94**	**162100.00**	**58170.00**	**220270.00**	**12278.00**	**12127.37**	**5703.57**	**17830.94**
西塞山区	147.00						147.00	147.00
下陆区	157.58					100.41	57.17	157.58
铁山区	195.95					121.00	74.95	195.95
阳新县	235697.30	162100.00	58170.00	220270.00	6621.00	5868.14	2938.16	8806.30
大冶市	14181.11				5657.00	6037.82	2486.29	8524.11
十堰市	**3896794.27**	**3545050.00**	**267898.00**	**3812948.00**	**53829.50**	**21542.29**	**8474.48**	**30016.77**
茅箭区	3951.62				3418.00	398.30	135.32	533.62
张湾区	117624.10	116250.00		116250.00		1155.50	218.60	1374.10
郧阳区	18042.40				12199.00	3903.97	1939.43	5843.40
郧西县	81831.17		69620.00	69620.00	6677.00	3766.94	1767.23	5534.17
竹山县	342031.43	233800.00	93328.00	327128.00	11008.00	3102.65	792.78	3895.43
竹溪县	68000.32		55050.00	55050.00	11599.00	1116.00	235.32	1351.32
房县	59281.57		49900.00	49900.00	3612.50	4421.74	1347.33	5769.07
丹江口市	3206031.66	3195000.00		3195000.00	5316.00	3677.19	2038.47	5715.66
宜昌市	**5229855.41**	**4996000.00**	**100610.00**	**5096610.00**	**87773.12**	**35412.77**	**10059.52**	**45472.29**
西陵区	158036.13	158000.00		158000.00			36.13	36.13
伍家岗区	414.00					312.00	102.00	414.00
点军区	2359.89				1697.00	326.00	336.89	662.89
猇亭区	548.49					440.00	108.49	548.49
夷陵区	4540126.49	4504000.00	19627.00	4523627.00	11217.00	3798.06	1484.43	5282.49
远安县	15196.89				11488.00	2451.40	1257.49	3708.89
兴山县	17420.20		14760.00	14760.00	1380.00	744.89	535.31	1280.20
秭归县	9002.14				7494.00	1077.56	430.58	1508.14
长阳土家族自治县	342391.04	334000.00		334000.00	6920.00	1144.34	326.70	1471.04
五峰土家族自治县	6420.95				4847.12	1400.46	173.37	1573.83

续表

行政区	合计	大型			中型	小型		
		大（1）型	大（2）型	小计		小（1）型	小（2）型	小计
宜都市	67768.00		48900.00	48900.00	15214.00	2683.99	970.01	3654.00
当阳市	49900.14		17323.00	17323.00	14757.00	14896.07	2924.07	17820.14
枝江市	20271.05				12759.00	6138.00	1374.05	7512.05
襄阳市	**491629.85**		**239842.00**	**239842.00**	**161720.95**	**58605.82**	**31461.08**	**90066.90**
襄城区	33587.24		24500.00	24500.00	5269.00	1621.50	2196.74	3818.24
樊城区	11375.90				7274.05	3489.27	612.58	4101.85
襄州区	67448.79		32440.00	32440.00	17498.00	9586.78	7924.01	17510.79
南漳县	64770.92		56763.00	56763.00	1030.00	4388.80	2589.12	6977.92
谷城县	41724.69		14800.00	14800.00	21963.00	3231.76	1729.93	4961.69
保康县	34540.67		26900.00	26900.00	5200.00	2107.00	333.67	2440.67
老河口市	62060.21		41983.00	41983.00	11947.00	6834.31	1295.90	8130.21
枣阳市	120082.82		30290.00	30290.00	61023.00	18332.80	10437.02	28769.82
宜城市	48688.56		12166.00	12166.00	26499.90	6500.10	3522.56	10022.66
东津区	7350.05				4017.00	2513.50	819.55	3333.05
鄂州市	**5320.10**				**1420.00**	**3087.40**	**812.70**	**3900.10**
梁子湖区	1982.52					1536.35	446.17	1982.52
鄂城区	3337.58				1420.00	1551.05	366.53	1917.58
荆门市	**514841.61**	**211300.00**	**148979.00**	**360279.00**	**83635.00**	**53663.03**	**17264.58**	**70927.61**
东宝区	229393.62	211300.00		211300.00	8381.00	7306.72	2405.90	9712.62
掇刀区	11451.04				6259.00	4444.44	747.60	5192.04
京山市	125131.25		68508.00	68508.00	39597.00	10743.94	6282.31	17026.25
沙洋县	22919.47				12155.00	9938.72	825.75	10764.47
钟祥市	123374.43		80471.00	80471.00	17243.00	19225.21	6435.22	25660.43
屈家岭管理区	2571.80					2004.00	567.80	2571.80
孝感市	**107833.10**		**10010.00**	**10010.00**	**58326.00**	**29139.04**	**10358.06**	**39497.10**
孝南区	4585.40				2356.00	1307.37	922.03	2229.40
孝昌县	20087.38		10010.00	10010.00	5644.00	3343.16	1090.22	4433.38
大悟县	42378.45				31166.00	8052.92	3159.53	11212.45
云梦县	863.71					543.36	320.35	863.71
应城市	16010.97				8992.00	5059.84	1959.13	7018.97
安陆市	23907.19				10168.00	10832.39	2906.80	13739.19
荆州市	**83419.39**		**63353.00**	**63353.00**	**12490.00**	**5257.37**	**2319.02**	**7576.39**
荆州区	17484.65		12193.00	12193.00	3528.00	932.23	831.42	1763.65
公安县	1848.85				1220.00	591.00	37.85	628.85
石首市	447.31					122.50	324.81	447.31

续表

行政区	合计	大型			中型	小型		
		大（1）型	大（2）型	小计		小（1）型	小（2）型	小计
松滋市	63638.58		51160.00	51160.00	7742.00	3611.64	1124.94	4736.58
黄冈市	**493963.99**	**122800.00**	**193946.00**	**316746.00**	**103716.13**	**51577.13**	**21924.73**	**73501.86**
黄州区	735.89					703.57	32.32	735.89
团风县	24142.75		10103.00	10103.00	9771.00	2798.40	1470.35	4268.75
红安县	53773.97		28991.00	28991.00	15450.00	6122.20	3210.77	9332.97
罗田县	40485.74		15640.00	15640.00	15892.00	6041.92	2911.82	8953.74
英山县	22294.09		11040.00	11040.00	4786.00	5201.48	1266.61	6468.09
浠水县	131495.87	122800.00		122800.00	3272.00	3837.49	1586.38	5423.87
蕲春县	53437.12		35556.00	35556.00	6780.00	7870.77	3230.35	11101.12
黄梅县	26565.53		13300.00	13300.00	12061.00	767.13	437.40	1204.53
麻城市	112787.42		79316.00	79316.00	16220.00	11995.05	5256.37	17251.42
武穴市	28245.61				19484.13	6239.12	2522.36	8761.48
咸宁市	**204981.79**		**138016.00**	**138016.00**	**37995.00**	**17133.96**	**11836.83**	**28970.79**
咸安区	18119.30		10236.00	10236.00	3720.00	1687.80	2475.50	4163.30
嘉鱼县	13133.12		10580.00	10580.00	1128.00	1099.00	326.12	1425.12
通城县	16886.45				11957.00	3481.10	1448.35	4929.45
崇阳县	55355.60		43000.00	43000.00	6904.00	2588.51	2863.09	5451.60
通山县	10427.13				6294.00	2412.21	1720.92	4133.13
赤壁市	91060.19		74200.00	74200.00	7992.00	5865.34	3002.85	8868.19
随州市	**291037.93**		**190880.00**	**190880.00**	**57814.00**	**26017.65**	**16326.28**	**42343.93**
曾都区	44203.64		24080.00	24080.00	14052.00	3514.16	2557.48	6071.64
随县	129525.93		78070.00	78070.00	26699.00	15881.04	8875.89	24756.93
广水市	117308.36		88730.00	88730.00	17063.00	6622.45	4892.91	11515.36
恩施土家族苗族自治州	**814009.01**	**594600.00**	**69250.00**	**663850.00**	**126239.30**	**20694.99**	**3224.72**	**23919.71**
恩施市	53031.54		22900.00	22900.00	27188.00	2466.39	477.15	2943.54
利川市	26780.31				22861.00	3083.09	836.22	3919.31
建始县	14489.46				11704.00	2362.15	423.31	2785.46
巴东县	460789.46	458000.00		458000.00		2537.48	251.98	2789.46
宣恩县	60765.91		34300.00	34300.00	24277.00	2048.65	140.26	2188.91
咸丰县	23049.50		12050.00	12050.00	9066.00	1777.50	156.00	1933.50
来凤县	21263.69				16366.00	4324.68	573.01	4897.69
鹤峰县	153839.14	136600.00		136600.00	14777.30	2095.05	366.79	2461.84
省直管	**8814.95**				**6046.60**	**1469.00**	**1299.35**	**2768.35**
天门市	1821.45					839.00	982.45	1821.45
神农架林区	6760.60				6046.60	630.00	84.00	714.00
保密单位	232.90						232.90	232.90

2－5　2022年水库兴利库容

单位：万 m³

行　政　区	合计	大　型			中型	小　型		
		大（1）型	大（2）型	小计		小（1）型	小（2）型	小计
湖北省	**6289167.38**	**4704697.00**	**788233.00**	**5492930.00**	**497591.15**	**210990.80**	**87655.43**	**298646.23**
武汉市	**47213.99**		**26188.00**	**26188.00**	**10458.00**	**6330.29**	**4237.70**	**10567.99**
蔡甸区	179.82						179.82	179.82
江夏区	3503.78					1606.67	1897.11	3503.78
黄陂区	35145.51		20788.00	20788.00	9412.00	3556.11	1389.40	4945.51
新洲区	7773.12		5400.00	5400.00	1046.00	861.64	465.48	1327.12
东湖新技术开发区	611.76					305.87	305.89	611.76
黄石市	**98035.08**	**54800.00**	**24300.00**	**79100.00**	**6869.00**	**8755.52**	**3310.56**	**12066.08**
西塞山区	102.29						102.29	102.29
下陆区	24.10					10.50	13.60	24.10
铁山区	129.09					91.09	38.00	129.09
阳新县	89275.66	54800.00	24300.00	79100.00	3719.00	4566.94	1889.72	6456.66
大冶市	8503.94				3150.00	4086.99	1266.95	5353.94
十堰市	**1944423.96**	**1781697.00**	**117942.00**	**1899639.00**	**26515.40**	**12517.65**	**5751.91**	**18269.56**
茅箭区	2787.16				2439.00	226.80	121.36	348.16
张湾区	52437.93	51500.00		51500.00		791.20	146.73	937.93
郧阳区	11237.27				7732.00	2242.27	1263.00	3505.27
郧西县	25898.99		20900.00	20900.00	1652.00	2511.46	835.53	3346.99
竹山县	148292.01	94197.00	49085.00	143282.00	2552.00	1870.46	587.55	2458.01
竹溪县	33926.06		26857.00	26857.00	5601.60	912.50	554.96	1467.46
房县	27285.08		21100.00	21100.00	3653.00	1592.25	939.83	2532.08
丹江口市	1642559.46	1636000.00		1636000.00	2885.80	2370.71	1302.95	3673.66
宜昌市	**2547798.68**	**2412500.00**	**46809.00**	**2459309.00**	**58821.44**	**22943.05**	**6725.19**	**29668.24**
西陵区	8432.00		8400.00	8400.00			32.00	32.00
伍家岗区	229.00					150.00	79.00	229.00
点军区	1923.90				1490.00	231.00	202.90	433.90
猇亭区	442.00					348.00	94.00	442.00
夷陵区	2240415.89	2215000.00	15573.00	2230573.00	5808.00	2942.80	1092.09	4034.89
远安县	10968.60				8331.00	1783.65	853.95	2637.60
兴山县	8450.56		6900.00	6900.00	892.00	356.09	302.47	658.56
秭归县	6008.68				4674.00	969.73	364.95	1334.68
长阳土家族自治县	203218.00	197500.00		197500.00	4570.00	990.00	158.00	1148.00
五峰土家族自治县	3944.44				2959.44	913.00	72.00	985.00

续表

行 政 区	合计	大 型			中型	小 型		
		大（1）型	大（2）型	小计		小（1）型	小（2）型	小计
宜都市	17775.00		5400.00	5400.00	9783.00	1911.90	680.10	2592.00
当阳市	31232.63		10536.00	10536.00	11007.00	7793.48	1896.15	9689.63
枝江市	14757.98				9307.00	4553.40	897.58	5450.98
襄阳市	**262924.95**		**120938.00**	**120938.00**	**91917.40**	**33904.95**	**16164.60**	**50069.55**
襄城区	8757.35		4000.00	4000.00	3015.00	838.75	903.60	1742.35
樊城区	7327.20				5029.00	1985.20	313.00	2298.20
襄州区	36610.50		18090.00	18090.00	9342.00	4796.80	4381.70	9178.50
南漳县	44416.00		39439.00	39439.00	584.00	2853.00	1540.00	4393.00
谷城县	20289.70		6068.00	6068.00	10673.00	2407.70	1141.00	3548.70
保康县	17968.40		14500.00	14500.00	2222.00	1074.30	172.10	1246.40
老河口市	26017.70		12540.00	12540.00	8785.70	4197.60	494.40	4692.00
枣阳市	70664.00		18670.00	18670.00	36788.00	10261.00	4945.00	15206.00
宜城市	28874.20		7631.00	7631.00	15478.70	3892.50	1872.00	5764.50
东津区	1999.90					1598.10	401.80	1999.90
鄂州市	**3838.28**				**958.00**	**2352.24**	**528.04**	**2880.28**
梁子湖区	1401.00					1121.80	279.20	1401.00
鄂城区	2437.28				958.00	1230.44	248.84	1479.28
荆门市	**263788.59**	**92400.00**	**84877.00**	**177277.00**	**47090.11**	**29710.30**	**9711.18**	**39421.48**
东宝区	99447.29	92400.00		92400.00	3577.00	2199.78	1270.51	3470.29
掇刀区	8454.21				5673.00	2374.99	406.22	2781.21
京山市	76788.44		44042.00	44042.00	22270.00	6693.97	3782.47	10476.44
沙洋县	12620.14				6237.00	5841.56	541.58	6383.14
钟祥市	64940.31		40835.00	40835.00	9333.11	11490.00	3282.20	14772.20
屈家岭管理区	1538.20					1110.00	428.20	1538.20
孝感市	**62877.57**		**4830.00**	**4830.00**	**34544.00**	**17688.97**	**5814.60**	**23503.57**
孝南区	2317.67				1224.00	718.74	374.93	1093.67
孝昌县	9473.37		4830.00	4830.00	3116.00	1104.20	423.17	1527.37
大悟县	27378.03				20180.00	5264.03	1934.00	7198.03
云梦县	268.70					53.00	215.70	268.70
应城市	9397.80				5429.00	2885.00	1083.80	3968.80
安陆市	14042.00				4595.00	7664.00	1783.00	9447.00
荆州市	**44591.57**		**33714.00**	**33714.00**	**6348.00**	**2874.11**	**1655.46**	**4529.57**
荆州区	5228.26		2814.00	2814.00	1333.00	374.50	706.76	1081.26
公安县	1039.74				730.00	300.94	8.80	309.74
石首市	343.08					97.92	245.16	343.08

续表

行政区	合计	大型			中型	小型		
		大（1）型	大（2）型	小计		小（1）型	小（2）型	小计
松滋市	37980.49		30900.00	30900.00	4285.00	2100.75	694.74	2795.49
黄冈市	**297617.82**	**57200.00**	**119092.00**	**176292.00**	**71691.00**	**34387.17**	**15247.65**	**49634.82**
黄州区	348.93					327.32	21.61	348.93
团风县	15807.26		5824.00	5824.00	6972.00	2113.74	897.52	3011.26
红安县	34905.00		17854.00	17854.00	9980.00	5096.00	1975.00	7071.00
罗田县	26087.79		9380.00	9380.00	10233.00	4467.18	2007.61	6474.79
英山县	15073.16		6866.00	6866.00	3856.00	3595.56	755.60	4351.16
浠水县	62843.96	57200.00		57200.00	2392.00	2293.00	958.96	3251.96
蕲春县	34510.15		22635.00	22635.00	4888.30	5135.75	1851.10	6986.85
黄梅县	18354.88		9661.00	9661.00	7943.00	336.83	414.05	750.88
麻城市	68870.00		46872.00	46872.00	11170.00	6328.00	4500.00	10828.00
武穴市	20816.69				14256.70	4693.79	1866.20	6559.99
咸宁市	**121641.23**		**73811.00**	**73811.00**	**28846.00**	**11537.79**	**7446.44**	**18984.23**
咸安区	11907.17		6520.00	6520.00	2700.00	1083.00	1604.17	2687.17
嘉鱼县	7390.13		5651.00	5651.00	805.00	870.00	64.13	934.13
通城县	12452.43				9038.00	2384.10	1030.33	3414.43
崇阳县	29800.49		20840.00	20840.00	5217.00	1955.63	1787.86	3743.49
通山县	7213.29				4283.00	1847.01	1083.28	2930.29
赤壁市	52877.72		40800.00	40800.00	6803.00	3398.05	1876.67	5274.72
随州市	**159387.22**		**98402.00**	**98402.00**	**36228.00**	**16197.29**	**8559.93**	**24757.22**
曾都区	27458.40		15180.00	15180.00	8214.00	2427.98	1636.42	4064.40
随县	72146.62		42692.00	42692.00	16481.00	9392.62	3581.00	12973.62
广水市	59782.20		40530.00	40530.00	11533.00	4376.69	3342.51	7719.20
恩施土家族苗族自治州	**428606.79**	**306100.00**	**37330.00**	**343430.00**	**72260.80**	**10924.47**	**1991.52**	**12915.99**
恩施市	27575.23		10300.00	10300.00	16048.00	951.80	275.43	1227.23
利川市	12210.87				9555.00	2061.20	594.67	2655.87
建始县	9240.57				7157.80	1855.43	227.34	2082.77
巴东县	239564.70	238300.00		238300.00		1124.70	140.00	1264.70
宣恩县	49250.77		19130.00	19130.00	29095.00	1003.77	22.00	1025.77
咸丰县	12885.00		7900.00	7900.00	4139.00	748.00	98.00	846.00
来凤县	8859.53				6266.00	2239.36	354.17	2593.53
鹤峰县	69020.12	67800.00		67800.00		940.21	279.91	1220.12
省直管	**6421.65**				**5044.00**	**867.00**	**510.65**	**1377.65**
天门市	760.40					291.00	469.40	760.40
神农架林区	5661.25				5044.00	576.00	41.25	617.25

2－6　2022年水库防洪库容

单位：万 m^3

行　政　区	合计	大　　型			中　型
		大（1）型	大（2）型	小计	
湖北省	**3635469.93**	**3529800.00**	**93848.00**	**3623648.00**	**11821.93**
武汉市	**5116.00**		**4797.00**	**4797.00**	**319.00**
黄陂区	1706.00		1706.00	1706.00	
新洲区	3410.00		3091.00	3091.00	319.00
黄石市	**28100.00**	**28100.00**		**28100.00**	
阳新县	28100.00	28100.00		28100.00	
十堰市	**1153424.00**	**1140000.00**	**13140.00**	**1153140.00**	**284.00**
茅箭区	284.00				284.00
竹山县	41040.00	40000.00	1040.00	41040.00	
房县	12100.00		12100.00	12100.00	
丹江口市	1100000.00	1100000.00		1100000.00	
宜昌市	**2267060.00**	**2265000.00**	**1540.00**	**2266540.00**	**520.00**
夷陵区	2215000.00	2215000.00		2215000.00	
兴山县	1540.00		1540.00	1540.00	
长阳土家族自治县	50520.00	50000.00		50000.00	520.00
襄阳市	**16583.00**		**16255.00**	**16255.00**	**328.00**
襄州区	8546.00		8546.00	8546.00	
南漳县	5377.00		5049.00	5049.00	328.00
枣阳市	2660.00		2660.00	2660.00	
荆门市	**30142.00**	**13900.00**	**12771.00**	**26671.00**	**3471.00**
东宝区	14217.00	13900.00		13900.00	317.00

续表

行政区	合计	大型			中型
		大（1）型	大（2）型	小计	
京山市	6060.00		2906.00	2906.00	3154.00
钟祥市	9865.00		9865.00	9865.00	
荆州市	**5276.00**		**5040.00**	**5040.00**	**236.00**
公安县	236.00				236.00
松滋市	5040.00		5040.00	5040.00	
黄冈市	**25576.93**	**12800.00**	**10145.00**	**22945.00**	**2631.93**
团风县	1068.00		1068.00	1068.00	
红安县	704.00		704.00	704.00	
罗田县	1970.00		1970.00	1970.00	
浠水县	12800.00	12800.00		12800.00	
蕲春县	5087.93		4521.00	4521.00	566.93
黄梅县	3947.00		1882.00	1882.00	2065.00
咸宁市	**29396.00**		**29130.00**	**29130.00**	**266.00**
咸安区	770.00		770.00	770.00	
崇阳县	5726.00		5460.00	5460.00	266.00
赤壁市	22900.00		22900.00	22900.00	
随州市	**2096.00**		**1030.00**	**1030.00**	**1066.00**
随县	2060.00		1030.00	1030.00	1030.00
广水市	36.00				36.00
恩施土家族苗族自治州	**72700.00**	**70000.00**		**70000.00**	**2700.00**
恩施市	2700.00				2700.00
巴东县	50000.00	50000.00		50000.00	
鹤峰县	20000.00	20000.00		20000.00	

2－7　2022年水库设计灌溉面积

单位：万亩

行政区	合计	大型			中型	小型		
		大（1）型	大（2）型	小计		小（1）型	小（2）型	小计
湖北省	**3625.27**	**674.52**	**940.75**	**1615.27**	**1083.56**	**564.53**	**361.91**	**926.44**
武汉市	**134.28**		**55.36**	**55.36**	**34.56**	**18.00**	**26.36**	**44.36**
蔡甸区	1.41						1.41	1.41
江夏区	11.43					4.39	7.04	11.43
黄陂区	80.49		31.36	31.36	32.00	8.21	8.92	17.13
新洲区	38.37		24.00	24.00	2.56	4.13	7.68	11.81
东湖新技术开发区	2.58					1.27	1.31	2.58
黄石市	**118.34**	**10.00**	**50.00**	**60.00**	**19.00**	**24.02**	**15.32**	**39.34**
铁山区	0.13					0.02	0.11	0.13
阳新县	86.21	10.00	50.00	60.00	8.00	9.00	9.21	18.21
大冶市	32.00				11.00	15.00	6.00	21.00
十堰市	**427.94**	**360.00**		**360.00**	**22.88**	**23.23**	**21.83**	**45.06**
茅箭区	0.07						0.07	0.07
张湾区	1.53					1.05	0.48	1.53
郧阳区	20.28				11.26	5.06	3.96	9.02
郧西县	6.87				1.50	3.66	1.71	5.37
竹山县	12.72				1.40	5.52	5.80	11.32
竹溪县	7.87				3.20	1.83	2.84	4.67
房县	13.86				5.12	4.00	4.74	8.74
丹江口市	364.73	360.00		360.00	0.40	2.11	2.23	4.33
宜昌市	**392.66**		**13.40**	**13.40**	**268.03**	**83.99**	**27.25**	**111.24**
点军区	4.34				2.85	0.50	0.99	1.49
猇亭区	0.34					0.08	0.26	0.34
夷陵区	147.30				132.81	9.76	4.73	14.49
远安县	6.15					3.97	2.18	6.15
兴山县	2.12					1.10	1.02	2.12
秭归县	8.61					3.27	5.34	8.61
长阳土家族自治县	1.19					0.20	0.99	1.19
五峰土家族自治县								
宜都市	30.05				21.32	6.90	1.83	8.73
当阳市	131.65		13.40	13.40	77.20	35.45	5.60	41.05

续表

行政区	合计	大型			中型	小型		
		大（1）型	大（2）型	小计		小（1）型	小（2）型	小计
枝江市	60.91				33.85	22.76	4.30	27.06
襄阳市	**514.85**		**182.10**	**182.10**	**197.18**	**83.55**	**52.03**	**135.57**
襄城区	7.87				4.00	1.57	2.30	3.87
樊城区	15.10				9.70	4.45	0.95	5.40
襄州区	91.70		48.20	48.20	16.08	15.58	11.84	27.42
南漳县	83.47		67.50	67.50	2.00	5.98	7.99	13.97
谷城县	26.15				19.16	4.69	2.30	6.99
保康县	4.57				1.24	3.14	0.19	3.33
老河口市	42.85		16.20	16.20	17.20	6.45	3.00	9.45
枣阳市	193.70		42.90	42.90	100.00	33.50	17.30	50.80
宜城市	49.45		7.30	7.30	27.80	8.19	6.16	14.35
鄂州市	**10.10**				**1.64**	**6.46**	**2.00**	**8.46**
梁子湖区	4.34					3.12	1.22	4.34
鄂城区	5.76				1.64	3.34	0.78	4.12
荆门市	**676.92**	**240.52**	**184.93**	**425.45**	**141.25**	**77.10**	**33.12**	**110.22**
掇刀区	24.49				12.00	10.00	2.49	12.49
东宝区	261.43	240.52		240.52	12.00	6.10	2.81	8.91
屈家岭管理区	2.65					2.00	0.65	2.65
京山市	208.52		110.00	110.00	64.00	20.00	14.52	34.52
沙洋县	38.99				23.00	14.00	1.99	15.99
钟祥市	140.84		74.93	74.93	30.25	25.00	10.66	35.66
孝感市	**196.06**		**22.40**	**22.40**	**95.44**	**47.42**	**30.80**	**78.22**
孝南区	10.59				4.50	2.23	3.86	6.09
孝昌县	48.02		22.40	22.40	14.50	7.22	3.90	11.12
大悟县	44.16				28.14	10.34	5.68	16.02
云梦县	0.67					0.18	0.50	0.67
应城市	41.66				21.40	12.00	8.26	20.26
安陆市	50.96				26.90	15.45	8.61	24.06
荆州市	**157.06**		**93.00**	**93.00**	**33.00**	**18.00**	**13.06**	**31.06**
荆州区	59.88		41.00	41.00	10.00	4.00	4.88	8.88
公安县	7.18				5.00	2.00	0.18	2.18
石首市	1.00						1.00	1.00
松滋市	89.00		52.00	52.00	18.00	12.00	7.00	19.00

续表

行　政　区	合计	大　型			中型	小　型		
		大（1）型	大（2）型	小计		小（1）型	小（2）型	小计
黄冈市	**498.22**	**64.00**	**165.59**	**229.59**	**125.70**	**87.06**	**55.87**	**142.93**
黄州区	1.98					1.90	0.08	1.98
团风县	29.87		15.00	15.00	9.11	3.65	2.12	5.77
红安县	56.99		24.53	24.53	16.91	9.54	6.02	15.55
罗田县	27.50		0.99	0.99	9.13	8.99	8.39	17.38
英山县	25.85		5.20	5.20	4.94	12.44	3.26	15.71
浠水县	79.70	64.00		64.00	7.55	5.46	2.69	8.15
蕲春县	73.16		30.33	30.33	12.34	18.40	12.09	30.49
黄梅县	40.05		13.87	13.87	22.74	1.73	1.71	3.44
麻城市	115.33		75.67	75.67	13.88	12.78	13.00	25.78
武穴市	47.80				29.10	12.17	6.53	18.70
咸宁市	**219.08**		**95.97**	**95.97**	**65.38**	**24.68**	**33.05**	**57.73**
咸安区	32.30		14.30	14.30	7.40	3.64	6.96	10.60
嘉鱼县	38.20		31.48	31.48	3.20	2.00	1.52	3.52
通城县	36.45				24.30	6.55	5.60	12.15
崇阳县	29.99		12.00	12.00	7.88	3.14	6.98	10.12
通山县	16.08				8.60	2.79	4.69	7.48
赤壁市	66.06		38.19	38.19	14.00	6.56	7.32	13.87
随州市	**223.66**		**78.00**	**78.00**	**72.00**	**39.00**	**34.66**	**73.66**
曾都区	30.00		8.00	8.00	10.00	5.00	7.00	12.00
随县	90.99		33.00	33.00	21.00	20.00	16.99	36.99
广水市	102.67		37.00	37.00	41.00	14.00	10.67	24.67
恩施土家族苗族自治州	**48.87**				**7.50**	**29.64**	**11.72**	**41.37**
恩施市	2.22					0.82	1.40	2.22
利川市	12.57				3.50	5.02	4.05	9.07
建始县	3.22				1.00	1.08	1.14	2.22
巴东县	3.71					2.42	1.29	3.71
宣恩县	1.51					1.18	0.32	1.51
咸丰县	2.66					1.90	0.76	2.66
来凤县	21.04				3.00	15.70	2.34	18.04
鹤峰县	1.95					1.52	0.43	1.95
省直管	**7.24**					**2.39**	**4.85**	**7.24**
天门市	7.24					2.39	4.85	7.24

2-8　2022年水库设计供水量

单位：万 m^3

行政区	合计	大型			中型	小型		
		大（1）型	大（2）型	小计		小（1）型	小（2）型	小计
湖北省	**2492043.05**	**1284697.00**	**431453.47**	**1716150.47**	**451206.08**	**204835.86**	**119850.64**	**324686.50**
武汉市	**46553.54**		**19500.00**	**19500.00**	**15979.15**	**5679.86**	**5394.53**	**11074.39**
东西湖区	5.00						5.00	5.00
蔡甸区	284.00						284.00	284.00
江夏区	3203.00					1424.00	1779.00	3203.00
黄陂区	36429.30		16000.00	16000.00	14968.00	3243.30	2218.00	5461.30
新洲区	5925.24		3500.00	3500.00	1011.15	601.56	812.53	1414.09
武汉经济技术开发区	8.00						8.00	8.00
东湖新技术开发区	699.00					411.00	288.00	699.00
黄石市	**48925.50**	**6480.00**	**11300.00**	**17780.00**	**10313.00**	**10242.09**	**10590.41**	**20832.50**
西塞山区	136.00						136.00	136.00
下陆区	156.00					67.00	89.00	156.00
铁山区	116.50					91.09	25.41	116.50
阳新县	35342.00	6480.00	11300.00	17780.00	5513.00	4111.00	7938.00	12049.00
大冶市	13175.00				4800.00	5973.00	2402.00	8375.00
十堰市	**1210442.98**	**1165614.00**		**1165614.00**	**18877.86**	**15775.97**	**10175.15**	**25951.12**
茅箭区	3877.90				3450.00	376.80	51.10	427.90
张湾区	17133.70	15614.00		15614.00		1250.00	269.70	1519.70
郧阳区	13523.44				7144.86	3587.83	2790.75	6378.58
郧西县	5861.14				2102.00	2599.20	1159.94	3759.14
竹山县	4437.04				1200.00	2216.04	1021.00	3237.04
竹溪县	3130.00				1605.00	628.00	897.00	1525.00
房县	8359.26				3076.00	2917.10	2366.16	5283.26
丹江口市	1154120.50	1150000.00		1150000.00	300.00	2201.00	1619.50	3820.50
宜昌市	**118525.57**	**403.00**	**5350.00**	**5753.00**	**86191.50**	**19170.80**	**7410.27**	**26581.07**
点军区	2686.50				2100.00	500.00	86.50	586.50
猇亭区	239.70					149.70	90.00	239.70
夷陵区	52682.63				48279.00	2941.50	1462.13	4403.63
远安县	2459.90				15.00	1489.10	955.80	2444.90
兴山县	571.75		350.00	350.00		92.00	129.75	221.75
秭归县	2020.04					1005.00	1015.04	2020.04
长阳土家族自治县	819.00	403.00		403.00		160.00	256.00	416.00

续表

行政区	合计	大型			中型	小型		
		大（1）型	大（2）型	小计		小（1）型	小（2）型	小计
五峰土家族自治县	30.00						30.00	30.00
宜都市	13538.90				11700.00	1300.00	538.90	1838.90
当阳市	26483.80		5000.00	5000.00	12750.00	6739.00	1994.80	8733.80
枝江市	16993.35				11347.50	4794.50	851.35	5645.85
襄阳市	**226490.55**		**79564.47**	**79564.47**	**95848.00**	**33786.70**	**17291.38**	**51078.08**
襄城区	5022.03				2904.00	845.30	1272.73	2118.03
樊城区	7765.00				4550.00	2745.00	470.00	3215.00
襄州区	42138.57		21292.47	21292.47	8220.00	8644.00	3982.10	12626.10
南漳县	40471.01		35641.00	35641.00	850.00	1799.00	2181.01	3980.01
谷城县	16066.50				12072.00	2639.80	1354.70	3994.50
保康县	1343.70				400.00	785.60	158.10	943.70
老河口市	18074.00		3000.00	3000.00	10420.00	3807.00	847.00	4654.00
枣阳市	54726.00		12000.00	12000.00	30965.00	7060.00	4701.00	11761.00
宜城市	40883.74		7631.00	7631.00	25467.00	5461.00	2324.74	7785.74
鄂州市	**3989.00**				**952.00**	**2393.00**	**644.00**	**3037.00**
梁子湖区	1608.00					1211.00	397.00	1608.00
鄂城区	2381.00				952.00	1182.00	247.00	1429.00
荆门市	**218865.40**	**80000.00**	**58582.00**	**138582.00**	**41540.00**	**28913.00**	**9830.40**	**38743.40**
掇刀区	7657.80				3766.00	3401.00	490.80	3891.80
东宝区	90163.00	80000.00		80000.00	5570.00	3277.00	1316.00	4593.00
屈家岭管理区	2378.00					2342.00	36.00	2378.00
京山市	58822.40		31000.00	31000.00	17192.00	7333.00	3297.40	10630.40
沙洋县	11833.60				6580.00	4639.00	614.60	5253.60
钟祥市	48010.60		27582.00	27582.00	8432.00	7921.00	4075.60	11996.60
孝感市	**59749.62**		**3900.00**	**3900.00**	**36940.40**	**13373.70**	**5535.52**	**18909.22**
孝南区	2433.00				1024.00	767.00	642.00	1409.00
孝昌县	8688.30		3900.00	3900.00	3180.00	1103.80	504.50	1608.30
大悟县	19445.25				13632.40	4077.70	1735.15	5812.85
云梦县	179.92					52.50	127.42	179.92
应城市	12280.72				7421.00	3440.50	1419.22	4859.72
安陆市	16722.43				11683.00	3932.20	1107.23	5039.43
荆州市	**50176.00**		**38336.00**	**38336.00**	**6334.00**	**3677.00**	**1829.00**	**5506.00**
荆州区	10204.00		8000.00	8000.00	1080.00	465.00	659.00	1124.00
公安县	1600.00				750.00	850.00		850.00

续表

行政区	合计	大型			中型	小型		
		大（1）型	大（2）型	小计		小（1）型	小（2）型	小计
石首市	333.00					90.00	243.00	333.00
松滋市	38039.00		30336.00	30336.00	4504.00	2272.00	927.00	3199.00
黄冈市	**268080.71**	**32200.00**	**108471.00**	**140671.00**	**69896.00**	**35968.32**	**21545.39**	**57513.71**
黄州区	375.02					353.52	21.50	375.02
团风县	13239.40		5800.00	5800.00	5020.00	1646.00	773.40	2419.40
红安县	31508.00		15245.00	15245.00	9530.00	4817.20	1915.80	6733.00
罗田县	30134.05		12000.00	12000.00	11275.00	4353.00	2506.05	6859.05
英山县	15580.80		6866.00	6866.00	4131.00	3774.00	809.80	4583.80
浠水县	38789.56	32200.00		32200.00	3214.00	2210.00	1165.56	3375.56
蕲春县	46478.99		25480.00	25480.00	7442.00	7476.10	6080.89	13556.99
黄梅县	17402.40		7580.00	7580.00	8760.00	598.00	464.40	1062.40
麻城市	51788.49		35500.00	35500.00	5724.00	5775.50	4788.99	10564.49
武穴市	22784.00				14800.00	4965.00	3019.00	7984.00
咸宁市	**106104.99**		**46590.00**	**46590.00**	**32613.17**	**12869.73**	**14032.09**	**26901.82**
咸安区	13849.25		7800.00	7800.00	2440.00	1447.00	2162.25	3609.25
嘉鱼县	7820.80		6000.00	6000.00	850.00	685.00	285.80	970.80
通城县	18213.54				12974.17	3144.06	2095.31	5239.37
崇阳县	20926.58		9390.00	9390.00	5700.00	1922.50	3914.08	5836.58
通山县	8854.00				3332.00	2040.00	3482.00	5522.00
赤壁市	36440.82		23400.00	23400.00	7317.00	3631.17	2092.65	5723.82
随州市	**111967.60**		**59840.00**	**59840.00**	**27619.00**	**12495.00**	**12013.60**	**24508.60**
曾都区	16624.00		10000.00	10000.00	3902.00	1190.00	1532.00	2722.00
随县	49560.60		23740.00	23740.00	11022.00	7470.00	7328.60	14798.60
广水市	45783.00		26100.00	26100.00	12695.00	3835.00	3153.00	6988.00
恩施土家族苗族自治州	**21103.09**		**20.00**	**20.00**	**8102.00**	**9975.69**	**3005.40**	**12981.09**
恩施市	6933.00				5800.00	850.00	283.00	1133.00
利川市	3177.95				200.00	2378.05	599.90	2977.95
建始县	2503.80				1322.00	842.30	339.50	1181.80
巴东县	1363.00					850.00	513.00	1363.00
宣恩县	855.43				280.00	495.43	80.00	575.43
咸丰县	2382.00		20.00	20.00		1920.00	442.00	2362.00
来凤县	3120.00				100.00	2390.00	630.00	3020.00
鹤峰县	767.91				400.00	249.91	118.00	367.91
省直管	**1068.50**					**515.00**	**553.50**	**1068.50**
天门市	1068.50					515.00	553.50	1068.50

2－9 2020—2022年泵站数量

单位：处

行政区划	2020年		2021年		2022年	
	总数	其中：大型泵站数	总数	其中：大型泵站数	总数	其中：大型泵站数
湖北省	**48106**	**73**	**47533**	**75**	**47480**	**75**
武汉市	6421	15	6410	16	6352	16
黄石市	1432	2	1433	2	1433	2
十堰市	290		290		289	
宜昌市	1098	1	1102	1	1102	1
襄阳市	3258	3	3258	3	3258	3
鄂州市	1805	3	1024	3	1024	3
荆门市	4575	2	4575	2	4575	2
孝感市	3708	9	3708	9	3709	9
荆州市	14166	23	14166	23	14166	23
黄冈市	4937	5	5149	5	5153	5
咸宁市	2705	2	2705	2	2705	2
随州市	250	1	250	1	250	1
恩施土家族苗族自治州	58		58		58	
仙桃市	1025	4	1027	5	1028	5
潜江市	387	3	387	3	387	3
天门市	1991		1991		1991	

2－10　2022年泵站工程数量

单位：处

行政区	合计	按规模分							按功能位置分		
		大型			中型	小型			河湖取水泵站数量	水库取水泵站数量	其他
		大(1)型	大(2)型	小计		小(1)型	小(2)型	小计			
湖北省	**47471**	**6**	**69**	**75**	**330**	**3652**	**43414**	**47066**	**23212**	**3922**	**20337**
武汉市	**6352**		**16**	**16**	**60**	**514**	**5762**	**6276**	**1308**	**23**	**5021**
江岸区	12				4	8		8			12
江汉区	10				1	1	8	9			10
硚口区	7				1		6	6	6		1
汉阳区	12				1	2	9	11	4		8
武昌区	25				3	6	16	22	3		22
青山区	47		1	1	6	3	37	40	11		36
洪山区	12		1	1	1	4	6	10	4		8
东西湖区	328		4	4	9	85	230	315	238		90
汉南区	67		1	1	6	16	44	60	15		52
蔡甸区	1419		1	1	6	66	1346	1412	181		1238
江夏区	978		1	1	4	70	903	973	144	23	811
黄陂区	1622		1	1	5	81	1535	1616	268		1354
新洲区	1671		1	1	8	140	1522	1662	375		1296
经济技术开发区	28		2	2	4	17	5	22	11		17
东湖新技术开发区	102				1	14	87	101	37		65
化学工业区	11		3	3		1	7	8	11		
东湖生态旅游风景区	1						1	1			1
黄石市	**1433**	**1**	**1**	**2**	**14**	**152**	**1265**	**1417**	**1360**	**72**	**1**
黄石港区	12				4	3	5	8	12		
西塞山区	47				2	13	32	45	47		
阳新县	655	1		1	6	78	570	648	655		
大冶市	719		1	1	2	58	658	716	646	72	1
十堰市	**289**				**1**	**26**	**262**	**288**	**99**	**28**	**162**
茅箭区	2				1	1		1		2	
郧阳区	63					3	60	63	57	6	
郧西县	34					1	33	34	3	1	30
竹山县	2					2		2	2		
竹溪县	40					1	39	40	5	1	34
房县	37					1	36	37	5		32
丹江口市	111					17	94	111	27	18	66
宜昌市	**1093**		**1**	**1**	**14**	**132**	**946**	**1078**	**919**	**96**	**78**
西陵区	13					5	8	13	6		7
伍家岗区	2					1	1	2	2		
点军区	41					3	38	41	37	4	
猇亭区	3				1	2		2	3		

续表

行　政　区	合计	按　规　模　分							按功能位置分		
		大　型			中型	小　型			河湖取水泵站数量	水库取水泵站数量	其他
		大(1)型	大(2)型	小计		小(1)型	小(2)型	小计			
夷陵区	69					4	65	69	66	3	
远安县	119						119	119	119		
秭归县	18					2	16	18	18		
长阳土家族自治县	9					6	3	9	9		
五峰土家族自治县	1					1		1	1		
宜都市	136				1	31	104	135	36	29	71
当阳市	405				4	29	372	401	390	15	
枝江市	277		1	1	8	48	220	268	232	45	
襄阳市	**3258**		**3**	**3**	**22**	**235**	**2998**	**3233**	**2694**	**559**	**5**
襄城区	268				3	8	257	265	260	8	
樊城区	123				1	6	116	122	100	21	2
襄州区	312		1	1	3	51	257	308	255	56	1
南漳县	452					6	446	452	316	136	
谷城县	71					18	53	71	49	22	
保康县	121					1	120	121	121		
老河口市	199				3	38	158	196	141	58	
枣阳市	1344		2	2	10	43	1289	1332	1142	200	2
宜城市	368				2	64	302	366	310	58	
鄂州市	**1024**	**1**	**2**	**3**	**9**	**107**	**905**	**1012**	**1024**		
梁子湖区	255				1	42	212	254	255		
华容区	418				2	28	388	416	418		
鄂城区	351	1	2	3	6	37	305	342	351		
荆门市	**4575**		**2**	**2**	**19**	**212**	**4342**	**4554**	**1217**	**2107**	**1251**
东宝区	737				1	14	722	736	581	141	15
掇刀区	388					8	380	388		380	8
京山市	173					20	153	173	84	23	66
沙洋县	1413		1	1	8	95	1309	1404	248	3	1162
钟祥市	1749		1	1	10	67	1671	1738	192	1557	
屈家岭管理区	115					8	107	115	112	3	
孝感市	**3709**		**9**	**9**	**34**	**394**	**3272**	**3666**	**3388**	**63**	**258**
孝南区	469		2	2	7	63	397	460	430	14	25
孝昌县	147				1	13	133	146	107	26	14
大悟县	239					7	232	239	230	2	7
云梦县	365		1	1	5	25	334	359	353	2	10
应城市	937		1	1	4	65	867	932	850	19	68
安陆市	434				7	53	374	427	373		61
汉川市	1118		5	5	10	168	935	1103	1045		73
荆州市	**14166**	**2**	**21**	**23**	**87**	**800**	**13256**	**14056**	**4839**	**61**	**9266**
沙市区	599		1	1	6	46	546	592	35		564
荆州区	1213		1	1	10	46	1156	1202	194	20	999
公安县	5178		7	7	10	143	5018	5161	405	5	4768

续表

行政区	合计	按规模分							按功能位置分		
		大型			中型	小型			河湖取水泵站数量	水库取水泵站数量	其他
		大(1)型	大(2)型	小计		小(1)型	小(2)型	小计			
监利市	743		4	4	18	161	560	721	166		577
江陵县	1191				8	122	1061	1183	1191		
石首市	2498		4	4	3	97	2394	2491	2496		2
洪湖市	840	2	2	4	26	111	699	810	246		594
松滋市	1904		2	2	6	74	1822	1896	106	36	1762
黄冈市	**5153**		**5**	**5**	**18**	**351**	**4779**	**5130**	**671**	**391**	**4091**
黄州区	398				3	17	378	395	4		394
团风县	845				1	31	813	844	72	30	743
红安县	300		1	1		20	279	299	108	1	191
罗田县	76					5	71	76	16		60
英山县	91					1	90	91			91
浠水县	577		1	1	2	53	521	574	161		416
蕲春县	663		1	1	3	28	631	659	111	26	526
黄梅县	1289		2	2	5	112	1170	1282	2	332	955
麻城市	640				1	13	626	639	28	2	610
武穴市	274				3	71	200	271	169		105
咸宁市	**2705**		**2**	**2**	**20**	**102**	**2581**	**2683**	**2259**	**259**	**187**
咸安区	247				2	21	224	245	61		186
嘉鱼县	968		2	2	5	47	914	961	954	13	1
通城县	353						353	353	325	28	
崇阳县	421					2	419	421	419	2	
通山县	89					6	83	89	30	59	
赤壁市	627				13	26	588	614	470	157	
随州市	**250**		**1**	**1**		**58**	**191**	**249**	**25**	**225**	
曾都区	42					13	29	42		42	
随县	85					17	68	85	25	60	
广水市	123		1	1		28	94	122		123	
恩施土家族苗族自治州	**58**					**10**	**48**	**58**	**52**	**6**	
恩施市	8					4	4	8	8		
利川市	6					2	4	6	5	1	
建始县	2						2	2	2		
巴东县	7					2	5	7	7		
宣恩县	3						3	3	3		
咸丰县	11					1	10	11	11		
来凤县	18					1	17	18	13	5	
鹤峰县	3						3	3	3		
省直管	**3406**	**2**	**6**	**8**	**32**	**559**	**2807**	**3366**	**3357**	**32**	**17**
仙桃市	1028	1	4	5	13	187	823	1010	1020		8
潜江市	387	1	2	3	8	223	153	376	378		9
天门市	1991				11	149	1831	1980	1959	32	

2-11　2022年泵站工程装机功率

单位：kW

行　政　区	合计	大　　型			中型	小（1）型
		大（1）型	大（2）型	小计		
湖北省	**2239313.61**	**114400.00**	**624465.00**	**738865.00**	**605280.00**	**895168.61**
武汉市	**439137.00**		**206200.00**	**206200.00**	**108804.00**	**124133.00**
江岸区	1004.00				1004.00	
硚口区	6255.00				5760.00	495.00
汉阳区	2835.00				2360.00	475.00
武昌区	4115.00				4115.00	
青山区	34442.00		11250.00	11250.00	22225.00	967.00
洪山区	27159.00		23000.00	23000.00	3165.00	994.00
东西湖区	116478.00		85950.00	85950.00	12910.00	17618.00
汉南区	12241.00				4430.00	7811.00
蔡甸区	53704.00		26400.00	26400.00	10195.00	17109.00
江夏区	31805.00		13200.00	13200.00		18605.00
黄陂区	40778.00		13400.00	13400.00	12110.00	15268.00
新洲区	69888.00		6000.00	6000.00	24690.00	39198.00
经济技术开发区	7290.00				4600.00	2690.00
东湖新技术开发区	3823.00				1240.00	2583.00
化学工业区	27320.00		27000.00	27000.00		320.00
黄石市	**102142.00**	**16000.00**	**9600.00**	**25600.00**	**32273.00**	**44269.00**
黄石港区	18170.00				16720.00	1450.00
西塞山区	7805.00				3275.00	4530.00
阳新县	48781.00	16000.00		16000.00	9378.00	23403.00
大冶市	27386.00		9600.00	9600.00	2900.00	14886.00
十堰市	**6163.00**				**1000.00**	**5163.00**
茅箭区	1435.00				1000.00	435.00
郧阳区	242.00					242.00
郧西县	100.00					100.00
竹山县	250.00					250.00
竹溪县	150.00					150.00
房县	155.00					155.00
丹江口市	3831.00					3831.00
宜昌市	**65810.11**		**5835.00**	**5835.00**	**22930.00**	**37045.11**
西陵区	1690.00					1690.00
伍家岗区	970.00					970.00
点军区	780.00					780.00
猇亭区	3180.00				2210.00	970.00
夷陵区	2158.28					2158.28

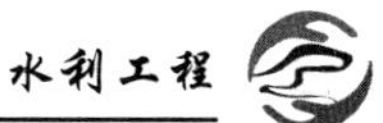

续表

行　政　区	合计	大　　型			中型	小（1）型
		大（1）型	大（2）型	小计		
兴山县	1087.00					1087.00
秭归县	330.00					330.00
长阳土家族自治县	2378.00					2378.00
五峰土家族自治县	185.00					185.00
宜都市	7707.00				1000.00	6707.00
当阳市	12897.00				5900.00	6997.00
枝江市	32447.83		5835.00	5835.00	13820.00	12792.83
襄阳市	**126382.00**		**31813.00**	**31813.00**	**49585.00**	**44984.00**
襄城区	7575.00				5270.00	2305.00
樊城区	2000.00				1000.00	1000.00
襄州区	26957.00		9450.00	9450.00	6430.00	11077.00
南漳县	717.00					717.00
谷城县	2875.00					2875.00
保康县	132.00					132.00
老河口市	14161.00				6910.00	7251.00
枣阳市	57420.00		22363.00	22363.00	26855.00	8202.00
宜城市	14545.00				3120.00	11425.00
鄂州市	**82345.00**	**24000.00**	**15450.00**	**39450.00**	**14070.00**	**28825.00**
梁子湖区	11155.00				1080.00	10075.00
华容区	10260.00				2760.00	7500.00
鄂城区	60930.00	24000.00	15450.00	39450.00	10230.00	11250.00
荆门市	**120032.00**		**24450.00**	**24450.00**	**49080.00**	**46502.00**
掇刀区	1259.00					1259.00
东宝区	5384.00				1360.00	4024.00
屈家岭管理区	1405.00					1405.00
京山市	3127.00					3127.00
沙洋县	61297.00		14980.00	14980.00	25640.00	20677.00
钟祥市	47560.00		9470.00	9470.00	22080.00	16010.00
孝感市	**234123.00**		**69000.00**	**69000.00**	**57782.00**	**107341.00**
孝南区	42878.00		8400.00	8400.00	14880.00	19598.00
孝昌县	4382.00				1960.00	2422.00
大悟县	1535.00					1535.00
云梦县	23745.00		4800.00	4800.00	11100.00	7845.00
应城市	31857.00		4800.00	4800.00	6025.00	21032.00
安陆市	23727.00				11652.00	12075.00
汉川市	105999.00		51000.00	51000.00	12165.00	42834.00
荆州市	**559353.00**	**36000.00**	**178895.00**	**214895.00**	**147161.00**	**197297.00**
沙市区	28049.00		5680.00	5680.00	9970.00	12399.00

续表

行政区	合计	大型			中型	小（1）型
		大（1）型	大（2）型	小计		
荆州区	40826.00		10960.00	10960.00	17520.00	12346.00
公安县	129276.00		65620.00	65620.00	26505.00	37151.00
监利市	101716.00		37600.00	37600.00	25095.00	39021.00
江陵县	32060.00				7950.00	24110.00
石首市	61817.00		24405.00	24405.00	16230.00	21182.00
洪湖市	119615.00	36000.00	20040.00	56040.00	28951.00	34624.00
松滋市	45994.00		14590.00	14590.00	14940.00	16464.00
黄冈市	**149510.50**		**24760.00**	**24760.00**	**46060.00**	**78690.50**
黄州区	16805.00				11750.00	5055.00
团风县	12042.50				4400.00	7642.50
红安县	8988.00		2460.00	2460.00		6528.00
罗田县	820.00					820.00
英山县	310.00					310.00
浠水县	22450.00		5500.00	5500.00	7260.00	9690.00
蕲春县	17328.00		4800.00	4800.00	7290.00	5238.00
黄梅县	43490.00		12000.00	12000.00	6830.00	24660.00
麻城市	4282.00				1330.00	2952.00
武穴市	22995.00				7200.00	15795.00
咸宁市	**71132.00**		**8000.00**	**8000.00**	**29030.00**	**34102.00**
咸安区	5995.00				2315.00	3680.00
嘉鱼县	35296.00		8000.00	8000.00	14105.00	13191.00
崇阳县	930.00					930.00
通山县	1071.00					1071.00
赤壁市	27840.00				12610.00	15230.00
随州市	**23130.00**		**9230.00**	**9230.00**		**13900.00**
曾都区	1790.00					1790.00
随县	2970.00					2970.00
广水市	18370.00		9230.00	9230.00		9140.00
恩施土家族苗族自治州	**2144.00**					**2144.00**
恩施市	1224.00					1224.00
利川市	380.00					380.00
巴东县	220.00					220.00
咸丰县	200.00					200.00
来凤县	120.00					120.00
省直管	**257910.00**	**38400.00**	**41232.00**	**79632.00**	**47505.00**	**130773.00**
仙桃市	115859.00	21600.00	27000.00	48600.00	22585.00	44674.00
潜江市	92508.00	16800.00	14232.00	31032.00	9440.00	52036.00
天门市	49543.00				15480.00	34063.00

2－12　2022年泵站工程装机流量

单位：m^3/s

行　政　区	合计	大　型			中型	小（1）型
		大（1）型	大（2）型	小计		
湖北省	**19276.19**	**1276.00**	**5398.14**	**6674.14**	**5206.70**	**7395.35**
武汉市	**3241.00**		**1618.47**	**1618.47**	**710.03**	**912.49**
江岸区	3.40				3.40	
硚口区	24.05				23.40	0.65
汉阳区	8.96				7.40	1.56
武昌区	8.69				8.69	
青山区	122.58		49.67	49.67	70.58	2.33
洪山区	192.50		176.50	176.50	8.00	8.00
东西湖区	640.73		349.00	349.00	130.73	161.00
汉南区	286.48		188.60	188.60	36.93	60.95
蔡甸区	542.20		298.20	298.20	98.00	146.00
江夏区	245.00		144.00	144.00		101.00
黄陂区	375.90		186.50	186.50	103.40	86.00
新洲区	548.01		50.00	50.00	182.00	316.01
经济技术开发区	53.50				34.50	19.00
东湖新技术开发区	12.00				3.00	9.00
化学工业区	177.00		176.00	176.00		1.00
黄石市	**843.91**	**200.00**	**120.00**	**320.00**	**199.40**	**324.51**
黄石港区	87.00				81.00	6.00
西塞山区	64.51				29.00	35.51
阳新县	466.00	200.00		200.00	83.00	183.00
大冶市	226.40		120.00	120.00	6.40	100.00
十堰市	**8.73**				**1.28**	**7.45**
茅箭区	1.81				1.28	0.53
郧阳区	0.22					0.22
郧西县	0.05					0.05
竹山县	1.32					1.32
竹溪县	1.56					1.56
房县	0.10					0.10
丹江口市	3.67					3.67
宜昌市	**477.31**		**54.72**	**54.72**	**192.00**	**230.59**
西陵区	3.03					3.03
伍家岗区	6.10					6.10
点军区	1.74					1.74
猇亭区	16.50				4.00	12.50
夷陵区	4.14					4.14

续表

行政区	合计	大型			中型	小（1）型
		大（1）型	大（2）型	小计		
兴山县	0.47					0.47
秭归县	0.56					0.56
长阳土家族自治县	6.30					6.30
五峰土家族自治县	0.18					0.18
宜都市	47.34				4.00	43.34
当阳市	121.43				66.00	55.43
枝江市	269.52		54.72	54.72	118.00	96.80
襄阳市	**381.47**		**55.01**	**55.01**	**147.23**	**179.23**
襄城区	15.60				7.00	8.60
樊城区	6.50				2.00	4.50
襄州区	95.59		29.01	29.01	7.00	59.58
南漳县	2.00					2.00
谷城县	8.87					8.87
保康县	0.04					0.04
老河口市	50.08				19.90	30.18
枣阳市	158.01		26.00	26.00	100.13	31.88
宜城市	44.78				11.20	33.58
鄂州市	**791.79**	**214.00**	**145.60**	**359.60**	**120.73**	**311.46**
梁子湖区	98.77				9.45	89.32
华容区	107.43				14.32	93.11
鄂城区	585.59	214.00	145.60	359.60	96.96	129.03
荆门市	**615.49**		**68.30**	**68.30**	**288.33**	**258.86**
掇刀区	3.87					3.87
东宝区	7.58				0.83	6.75
屈家岭管理区	5.00					5.00
京山市	16.00					16.00
沙洋县	265.41		34.00	34.00	106.60	124.81
钟祥市	317.63		34.30	34.30	180.90	102.43
孝感市	**1955.52**		**771.00**	**771.00**	**413.38**	**771.14**
孝南区	360.43		113.00	113.00	106.62	140.81
孝昌县	9.40				4.90	4.50
大悟县	4.05					4.05
云梦县	209.00		51.00	51.00	93.60	64.40
应城市	233.78		51.00	51.00	55.90	126.88
安陆市	74.70				31.76	42.94
汉川市	1064.16		556.00	556.00	120.60	387.56
荆州市	**5530.62**	**440.00**	**1595.39**	**2035.39**	**1597.29**	**1897.94**
沙市区	317.59		56.70	56.70	134.50	126.39

续表

行　政　区	合计	大　　型			中型	小（1）型
		大（1）型	大（2）型	小计		
荆州区	236.59		21.61	21.61	124.57	90.41
公安县	1164.81		631.78	631.78	234.10	298.93
监利市	859.15		258.80	258.80	253.20	347.15
江陵县	388.82				123.00	265.82
石首市	660.56		281.50	281.50	175.60	203.46
洪湖市	1519.78	440.00	201.00	641.00	405.32	473.46
松滋市	383.31		144.00	144.00	147.00	92.31
黄冈市	**1307.38**		**216.95**	**216.95**	**465.14**	**625.29**
黄州区	152.18				110.00	42.18
团风县	107.07				42.50	64.57
红安县	36.85		6.95	6.95	1.90	28.00
罗田县	1.18					1.18
英山县	1.10					1.10
浠水县	174.28		54.00	54.00	61.30	58.98
蕲春县	172.62		54.00	54.00	77.35	41.27
黄梅县	497.27		102.00	102.00	97.90	297.37
麻城市	15.53				4.44	11.09
武穴市	149.30				69.75	79.55
咸宁市	**537.81**		**64.00**	**64.00**	**245.28**	**228.53**
咸安区	54.22				25.90	28.32
嘉鱼县	252.00		64.00	64.00	108.58	79.42
崇阳县	8.10					8.10
通山县	1.64					1.64
赤壁市	221.86				110.80	111.06
随州市	**53.41**		**16.33**	**16.33**		**37.08**
曾都区	9.08					9.08
随县	8.00					8.00
广水市	36.33		16.33	16.33		20.00
恩施土家族苗族自治州	**3.12**					**3.12**
恩施市	0.89					0.89
利川市	2.00					2.00
巴东县	0.07					0.07
咸丰县	0.04					0.04
来凤县	0.12					0.12
省直管	**3528.64**	**422.00**	**672.37**	**1094.37**	**826.61**	**1607.66**
仙桃市	1770.01	202.00	480.00	682.00	487.31	600.70
潜江市	1237.33	220.00	192.37	412.37	208.00	616.96
天门市	521.30				131.30	390.00

2-13 2020—2022年水闸数量

单位：座

行政区划	2020年		2021年		2022年	
	总数	其中：大型水闸	总数	其中：大型水闸	总数	其中：大型水闸
湖北省	**21752**	**23**	**22009**	**24**	**21999**	**25**
武汉市	1571	2	1776	2	1743	2
黄石市	436	4	436	4	436	4
十堰市	1		1		1	0
宜昌市	1045	1	1045	1	1035	1
襄阳市	900		900		900	0
鄂州市	219	1	163	1	164	1
荆门市	799		799		802	0
孝感市	1630	3	1631	3	1633	3
荆州市	8186	2	8191	2	8195	2
黄冈市	2677	2	2777	2	2784	2
咸宁市	1199	3	1201	4	1212	5
随州市	273	2	273	2	276	2
恩施土家族苗族自治州	4	1	4	1	4	1
仙桃市	1680	2	1680	1	1680	1
潜江市	337		337	1	339	1
天门市	795		795		795	

2－14 2022年水闸工程数量

单位：座

行政区	合计	按规模分							按功能位置分		
		大型			中型	小型			河湖引水闸数量	水库引水闸数量	其他
		大(1)型	大(2)型	小计		小(1)型	小(2)型	小计			
湖北省	**21999**	**6**	**19**	**25**	**185**	**842**	**20947**	**21789**	**11617**	**2056**	**8326**
武汉市	**1743**	**1**	**1**	**2**	**19**	**86**	**1636**	**1722**	**179**	**13**	**1551**
江岸区	5					1	4	5	5		
江汉区	1					1		1			1
硚口区	2					2		2	2		
汉阳区	7						7	7	7		
武昌区	2					2		2	2		
青山区	3						3	3	3		
洪山区	6				1	1	4	5			6
东西湖区	529				4	16	509	525	1		528
汉南区	153					3	150	153	18		135
蔡甸区	137				5	12	120	132			137
江夏区	142				2	5	135	140	2		140
黄陂区	304					21	283	304	13	8	283
新洲区	424	1		1	7	12	404	416	116	5	303
经济技术开发区	21		1	1		5	15	20	5		16
东湖新技术开发区	4					2	2	4	2		2
化学工业区	3					3		3	3		
黄石市	**436**		**4**	**4**	**10**	**30**	**392**	**422**	**301**	**128**	**7**
黄石港区	4					3	1	4			4
西塞山区	13					3	10	13	13		
铁山区	3				1		2	2	3		
阳新县	199		3	3	3	10	183	193	199		
大冶市	217		1	1	6	14	196	210	86	128	3
十堰市	**1**					**1**		**1**			**1**
竹山县	1					1		1			1
宜昌市	**1035**		**1**	**1**	**7**	**37**	**990**	**1027**	**843**	**77**	**115**
点军区	13						13	13		13	
猇亭区	3					1	2	3	3		
夷陵区	42						42	42		17	25
远安县	43					1	42	43	41	2	
宜都市	102					1	101	102	9	5	88
当阳市	334		1	1	5	16	312	328	312	20	2

续表

行政区	合计	按规模分							按功能位置分		
		大型			中型	小型			河湖引水闸数量	水库引水闸数量	其他
		大(1)型	大(2)型	小计		小(1)型	小(2)型	小计			
枝江市	498				2	18	478	496	478	20	
襄阳市	**900**				**2**	**37**	**861**	**898**	**361**	**528**	**11**
襄城区	71					1	70	71	48	23	
樊城区	20					2	18	20	12	8	
襄州区	79					10	69	79	45	34	
南漳县	269					6	263	269	11	258	
谷城县	33						33	33	18	15	
保康县	8						8	8	8		
老河口市	34				1		33	33	11	12	11
枣阳市	90					3	87	90	35	55	
宜城市	296				1	15	280	295	173	123	
鄂州市	**164**		**1**	**1**	**4**	**6**	**153**	**159**	**162**		**2**
梁子湖区	55				1		54	54	54		1
华容区	49					3	46	49	49		
鄂城区	60		1	1	3	3	53	56	59		1
荆门市	**802**				**17**	**93**	**692**	**785**	**202**	**520**	**80**
东宝区	50				1	7	42	49	13	10	27
掇刀区	25				2	2	21	23	4	17	4
京山市	131				3	22	106	128	61	45	25
沙洋县	293				5	19	269	288	74	195	24
钟祥市	237				6	42	189	231	10	227	
屈家岭管理区	66					1	65	66	40	26	
孝感市	**1633**	**1**	**2**	**3**	**21**	**85**	**1524**	**1609**	**1436**	**177**	**20**
孝南区	168				9	12	147	159	168		
孝昌县	107						107	107	1	106	
大悟县	67						67	67		67	
云梦县	238				1	18	219	237	219	1	18
应城市	202		1	1	1	27	173	200	199	3	
安陆市	144	1		1		10	133	143	144		
汉川市	707		1	1	10	18	678	696	705		2
荆州市	**8195**	**1**	**1**	**2**	**27**	**202**	**7964**	**8166**	**4571**	**61**	**3563**
沙市区	290				1	4	285	289	38		252
荆州区	448				2	12	434	446	9	3	436
公安县	2126	1	1	2	4	24	2096	2120	2118	5	3
监利市	2030				7	39	1984	2023	204		1826

续表

行政区	合计	按规模分							按功能位置分		
		大型			中型	小型			河湖引水闸数量	水库引水闸数量	其他
		大(1)型	大(2)型	小计		小(1)型	小(2)型	小计			
江陵县	966					20	946	966	966		
石首市	718				1	15	702	717	717		1
洪湖市	1146				12	77	1057	1134	425		721
松滋市	471					11	460	471	94	53	324
黄冈市	**2784**	**1**	**1**	**2**	**20**	**100**	**2662**	**2762**	**311**	**469**	**2004**
黄州区	147				4	10	133	143	1		146
团风县	358					6	352	358	37	86	235
红安县	60					1	59	60		11	49
罗田县	110				1		109	109		110	
英山县	5						5	5	3		2
浠水县	169	1	1	2		4	163	167	55		114
蕲春县	731				6	16	709	725	84	34	613
黄梅县	683				5	31	647	678	1	201	481
麻城市	238					24	214	238	55	27	156
武穴市	283				4	8	271	279	75		208
咸宁市	**1212**		**5**	**5**	**30**	**44**	**1133**	**1177**	**215**	**36**	**961**
咸安区	139		1	1	14	11	113	124	91		48
嘉鱼县	318				2	13	303	316	66	7	245
通城县	416				6	5	405	410	5	16	395
崇阳县	75		1	1	2	1	71	72	26	6	43
通山县	51		2	2	6	5	38	43	25		26
赤壁市	213		1	1		9	203	212	2	7	204
随州市	**276**		**2**	**2**	**5**	**8**	**261**	**269**	**259**	**13**	**4**
曾都区	49		2	2	1		46	46	43	6	
随县	131				1		130	130	130		1
广水市	96				3	8	85	93	86	7	3
恩施土家族苗族自治州	**4**		**1**	**1**			**3**	**3**	**3**	**1**	
恩施市	1						1	1	1		
建始县	1						1	1	1		
巴东县	1		1	1					1		
来凤县	1						1	1		1	
州直											
省直管	**2814**	**2**		**2**	**23**	**113**	**2676**	**2789**	**2774**	**33**	**7**
仙桃市	1680	1		1	15	57	1607	1664	1679		1
潜江市	339	1		1	5	34	299	333	333		6
天门市	795				3	22	770	792	762	33	

2-15 2022年规模以上（5m³/s及以上）水闸工程数量

单位：座

行政区	合计	按水闸类型分			
		分（泄）洪闸数量	节制闸数量	排（退）水闸数量	引（进）水闸数量
湖北省	**6790**	**660**	**2896**	**1909**	**1325**
武汉市	**392**	**34**	**122**	**167**	**69**
江岸区	5			5	
江汉区	1			1	
硚口区	2			2	
汉阳区	3			3	
武昌区	2			2	
青山区	3		1	2	
洪山区	6		5	1	
东西湖区	42		34	7	1
汉南区	9			9	
蔡甸区	72	2	29	37	4
江夏区	38		9	27	2
黄陂区	74	24	24	5	21
新洲区	121	8	20	52	41
经济技术开发区	7			7	
东湖新技术开发区	4			4	
化学工业区	3			3	
黄石市	**144**	**18**	**44**	**69**	**13**
黄石港区	3			3	
西塞山区	5			5	
铁山区	1			1	
阳新县	76	18	8	44	6
大冶市	59		36	16	7
十堰市	**1**	**1**			
竹山县	1	1			
宜昌市	**232**	**61**	**72**	**65**	**34**
猇亭区	3	1	1	1	
夷陵区	16	11	5		
远安县	29	15	1	10	3
宜都市	14	3	2	6	3

续表

行政区	合计	按水闸类型分			
		分（泄）洪闸数量	节制闸数量	排（退）水闸数量	引（进）水闸数量
当阳市	69	22	19	13	15
枝江市	101	9	44	35	13
襄阳市	**282**	**67**	**50**	**66**	**99**
襄城区	4			4	
樊城区	12	3		6	3
襄州区	42	2	2	23	15
南漳县	36	17	12		7
谷城县	3			3	
老河口市	29	9	9		11
枣阳市	44	2	15	4	23
宜城市	112	34	12	26	40
鄂州市	**32**	**1**	**6**	**10**	**15**
梁子湖区	1		1		
华容区	7	1	2	1	3
鄂城区	24		3	9	12
荆门市	**338**	**68**	**112**	**93**	**65**
东宝区	27	5	15		7
掇刀区	12	4	3		5
京山市	96	42	36	4	14
沙洋县	79	3	26	26	24
钟祥市	124	14	32	63	15
孝感市	**654**	**36**	**311**	**235**	**72**
孝南区	61		24	28	9
孝昌县	38	16	10		12
大悟县	7	5			2
云梦县	75	1	17	41	16
应城市	74	1	19	45	9
安陆市	47	10	31		6
汉川市	352	3	210	121	18
荆州市	**2495**	**20**	**1419**	**549**	**507**
沙市区	36	1	18	11	6
荆州区	69	1	38	16	14
公安县	251	2	153	57	39

续表

行 政 区	合计	按水闸类型分			
		分（泄）洪闸数量	节制闸数量	排（退）水闸数量	引（进）水闸数量
监利市	1184	3	757	250	174
江陵县	221	2	129	88	2
石首市	147		80	34	33
洪湖市	468		221	68	179
松滋市	119	11	23	25	60
黄冈市	**724**	**166**	**263**	**151**	**144**
黄州区	35		9	21	5
团风县	123	62	50	6	5
红安县	12	1	7		4
罗田县	6				6
浠水县	55	1	39	15	
蕲春县	140	55	50	11	24
黄梅县	206	9	54	60	83
麻城市	82	25	15	34	8
武穴市	65	13	39	4	9
咸宁市	**281**	**52**	**133**	**68**	**28**
咸安区	39	2	25	2	10
嘉鱼县	64	1	19	39	5
通城县	21		15		6
崇阳县	32	13	11	6	2
通山县	38	1	36		1
赤壁市	87	35	27	21	4
随州市	**161**	**103**	**26**	**15**	**17**
曾都区	49	30	9	1	9
随县	19		1	14	4
广水市	93	73	16		4
恩施土家族苗族自治州	**3**		**1**		**2**
建始县	1				1
巴东县	1		1		
来凤县	1				1
省直管	**1051**	**33**	**337**	**421**	**260**
仙桃市	464	1	129	195	139
潜江市	336		116	128	92
天门市	251	32	92	98	29

2－16 2022年水电站数量

单位：座

行政区	合计	按规模分						
		大型			中型	小型		
		大（1）型	大（2）型	小计		小（1）型	小（2）型	小计
湖北省	**1551**	**5**	**4**	**9**	**20**	**92**	**1430**	**1522**
黄石市	**16**					**1**	**15**	**16**
阳新县	15					1	14	15
大冶市	1						1	1
十堰市	**240**		**3**	**3**	**8**	**22**	**207**	**229**
张湾区	1		1	1				
郧阳区	26						26	26
郧西县	20				2	3	15	18
竹山县	30		1	1	3	2	24	26
竹溪县	58				2	7	49	56
房县	96				1	10	85	95
丹江口市	9		1	1			8	8
宜昌市	**466**	**3**		**3**	**1**	**19**	**443**	**462**
西陵区	1	1		1				
点军区	3						3	3
夷陵区	65	1		1		1	63	64
远安县	22						22	22
兴山县	87					5	82	87
秭归县	105					1	104	105
长阳土家族自治县	69	1		1		5	63	68
五峰土家族自治县	84					5	79	84
宜都市	18				1	2	15	17
当阳市	12						12	12
襄阳市	**125**				**4**	**5**	**116**	**121**
襄城区	1				1			
襄州区	10						10	10
南漳县	20					1	19	20
谷城县	22				1	2	19	21
保康县	54				1	2	51	53
老河口市	14				1		13	13
枣阳市	2						2	2
宜城市	2						2	2
荆门市	**28**						**28**	**28**
东宝区	5						5	5
掇刀区	2						2	2
京山市	6						6	6
沙洋县	5						5	5
钟祥市	10						10	10

续表

行政区	合计	按规模分						
		大型			中型	小型		
		大（1）型	大（2）型	小计		小（1）型	小（2）型	小计
孝感市	**7**						**7**	**7**
大悟县	5						5	5
安陆市	2						2	2
荆州市	**8**					**1**	**7**	**8**
荆州区	1						1	1
松滋市	7					1	6	7
黄冈市	**152**	**1**		**1**	**1**	**1**	**149**	**150**
团风县	7						7	7
红安县	11						11	11
罗田县	39	1		1	1		37	37
英山县	29						29	29
浠水县	9					1	8	9
蕲春县	24						24	24
黄梅县	11						11	11
麻城市	19						19	19
武穴市	3						3	3
咸宁市	**142**					**1**	**141**	**142**
咸安区	11						11	11
通城县	51						51	51
崇阳县	18					1	17	18
通山县	47						47	47
赤壁市	15						15	15
随州市	**39**						**39**	**39**
曾都区	4						4	4
随县	26						26	26
广水市	9						9	9
恩施土家族苗族自治州	**270**	**1**	**1**	**2**	**6**	**36**	**226**	**262**
恩施市	32				1	6	25	31
利川市	33				1	7	25	32
建始县	43				1	3	39	42
巴东县	35	1		1		5	29	34
宣恩县	34				1	3	30	33
咸丰县	15				1	3	11	14
来凤县	19				1	2	16	18
鹤峰县	59		1	1		7	51	58
省直管	**58**					**6**	**52**	**58**
潜江市	1					1		1
天门市	3						3	3
神农架林区	54					5	49	54

2-17　2022年农村水电年末发电设备拥有量

单位：kW

行　政　区	合　计	按装机容量分		
		1万（含）～5万kW（含）	0.1万（含）～1万kW	0.1万kW以下
湖北省	**3711942**	**1929770**	**1429050**	**353122**
省直属	**89740**	**77000**	**12100**	**640**
黄石市	**5715**		**2000**	**3715**
阳新县	5305		2000	3305
大冶市	410			410
十堰市	**548726**	**334300**	**168450**	**45976**
郧阳区	31750		24570	7180
郧西县	44521	25000	18100	1421
竹山县	149355	120200	21110	8045
竹溪县	232225	154500	62490	15235
房县	83310	34600	35320	13390
丹江口市	7565		6860	705
宜昌市	**989898**	**355320**	**528870**	**105708**
点军区	1450			1450
夷陵区	99238	18900	72670	7668
远安县	41270		37370	3900
兴山县	233445	94100	120590	18755
秭归县	117140	18000	67840	31300
长阳土家族自治县	177380	74900	81130	21350
五峰土家族自治县	239110	107500	117660	13950
宜都市	59455	41920	14500	3035
当阳市	13010		9110	3900
宜昌市直	8400		8000	400
襄阳市	**268955**	**154300**	**77860**	**36795**
襄州区	9925		7350	2575
南漳县	48180	31600	10060	6520
谷城县	106005	87200	14190	4615
保康县	73230	25500	32760	14970
老河口市	4170			4170
枣阳市	250			250
宜城市	1225			1225
引丹工程管理局	18300	10000	7500	800
三道河工程管理局	7270		6000	1270
熊河水库管理处	400			400
荆门市	**29440**		**18505**	**10935**
东宝区	850			850
京山市	5240		2920	2320
沙洋县	650			650
钟祥市	11030		7185	3845

续表

行政区	合计	按装机容量分		
		1万（含）～5万kW(含)	0.1万（含）～1万kW	0.1万kW以下
漳河水库管理处	8720		8400	320
荆门市直	2950			2950
孝感市	**12105**		**9485**	**2620**
大悟县	4005		2335	1670
安陆市	5850		5850	
徐家河水库管理处	2250		1300	950
荆州市	**27660**	**14200**	**13460**	
荆州区	1000		1000	
松滋市	26660	14200	12460	
黄冈市	**142449**		**103760**	**38689**
团风县	5206		3150	2056
红安县	7405		4160	3245
罗田县	43250		33450	9800
英山县	25457		19250	6207
浠水县	14160		12200	1960
蕲春县	17441		11120	6321
黄梅县	9570		5670	3900
麻城市	17110		12070	5040
武穴市	2850		2690	160
咸宁市	**109830**	**10500**	**60835**	**38495**
咸安区	6245		3710	2535
通城县	25210		14030	11180
崇阳县	24270	10500	6150	7620
通山县	36550		22345	14205
赤壁市	17555		14600	2955
随州市	**21605**		**13820**	**7785**
曾都区	1720		1020	700
随县	10625		4600	6025
广水市	9260		8200	1060
恩施土家族苗族自治州	**1271924**	**861720**	**358485**	**51719**
恩施市	255890	196300	55140	4450
利川市	175910	97400	74740	3770
建始县	153420	100000	44590	8830
巴东县	278532	202620	69820	6092
宣恩县	97127	62000	28360	6767
咸丰县	66965	51000	12400	3565
来凤县	71845	52000	16310	3535
鹤峰县	172235	100400	57125	14710
省直管	**193895**	**122430**	**61420**	**10045**
天门市	1265			1265
神农架林区	192630	122430	61420	8780

2-18 2022年农村水电全年发电量

单位：万 kW·h

行 政 区	合 计	按装机容量分		
		1万（含）~5万kW（含）	0.1万（含）~1万kW	0.1万kW以下
湖北省	**867763**	**428547**	**361094**	**78123**
省直属	**793**		**793**	
黄石市	**156**			**156**
阳新县	146			146
大冶市	10			10
十堰市	**147428**	**79896**	**44412**	**23120**
郧阳区	10872		9222	1651
郧西县	24829	8769	3516	12544
竹山县	28813	24045	3666	1102
竹溪县	58040	36537	17577	3926
房县	24079	10544	9664	3871
丹江口市	794		767	27
宜昌市	**218385**	**76500**	**121589**	**20296**
夷陵区	21910	8075	12391	1444
远安县	6929		6441	488
兴山县	45666	16820	26093	2753
秭归县	38178	5947	24992	7240
长阳土家族自治县	41848	14872	22958	4018
五峰土家族自治县	49985	23148	23910	2927
宜都市	10598	7638	2642	319
当阳市	1829		821	1008
宜昌市直	1442		1342	100
襄阳市	**82089**	**47165**	**26688**	**8236**
襄州区	3014		2354	660
南漳县	11962	9300	1891	770
谷城县	29629	24020	4916	693
保康县	26618	10055	12360	4202
老河口市	354			354
宜城市	148			148
引丹工程管理局	8839	3790	3811	1238
三道河工程管理局	1514		1355	159
熊河水库管理处	12			12
荆门市	**6885**		**5904**	**981**
京山市	280		90	190
沙洋县	92			92
钟祥市	1372		1061	311
漳河水库管理处	4918		4753	165

续表

行政区	合计	按装机容量分		
		1万（含）～5万kW（含）	0.1万（含）～1万kW	0.1万kW以下
荆门市直	223			223
孝感市	**894**		**718**	**176**
大悟县	163		134	29
安陆市	544		544	
徐家河水库管理处	187		40	147
荆州市	**7978**	**4800**	**3178**	
荆州区	300		300	
松滋市	7678	4800	2878	
黄冈市	**21054**		**15108**	**5946**
团风县	357		225	132
红安县	402		230	172
罗田县	6107		5541	565
英山县	3294		2852	443
浠水县	2695		2619	75
蕲春县	3967		2725	1242
黄梅县	3816		566	3250
麻城市	30			30
武穴市	387		350	37
咸宁市	**17704**	**3000**	**9776**	**4928**
咸安区	349		120	229
通城县	5648		3540	2109
崇阳县	4876	3000	1400	476
通山县	4183		2263	1920
赤壁市	2648		2454	194
随州市	**2057**		**1239**	**818**
曾都区	39		20	19
随县	1239		440	799
广水市	779		779	
恩施土家族苗族自治州	**313386**	**189068**	**113442**	**10875**
恩施市	59790	45841	13099	850
利川市	73191	24058	48575	557
建始县	26189	15651	8787	1750
巴东县	73418	51080	19785	2553
宣恩县	16222	10255	4814	1153
咸丰县	14502	10001	3735	766
来凤县	11762	9106	2025	631
鹤峰县	38312	23075	12622	2615
省直管	**48955**	**28118**	**18246**	**2591**
天门市	120			120
神农架林区	48835	28118	18246	2471

2-19　2020—2022年堤防长度

单位：km

行政区划	2020年		2021年		2022年	
	总长度	其中：1级、2级堤防长度	总数	其中：1级、2级堤防长度	总数	其中：1级、2级堤防长度
湖北省	**23665.54**	**3415.5**	**24287.91**	**3377.04**	**24377.12**	**3378.54**
武汉市	2021.65	337.27	2015.59	336.77	2015.59	336.77
黄石市	1333.91	61.38	1333.91	62.92	1333.91	62.92
十堰市	556.51		583.52		643.01	
宜昌市	598.97		563.46		579.1	
襄阳市	1348.39	192.89	1381.73	192.89	1390.17	192.89
鄂州市	441.49	83.22	441.49	83.22	441.49	83.22
荆门市	628.15	323.67	628.15	323.67	628.15	323.67
孝感市	1861.56	239.83	1869.66	218.48	1869.66	218.48
荆州市	3754.01	1384.62	4225.36	1384.62	4219.54	1384.62
黄冈市	6312.6	195.62	6313.34	195.62	6313.34	195.62
咸宁市	2025.61	58.6	2115.49	40.45	2116.99	41.95
随州市	219.82		224.82		229.82	
恩施土家族苗族自治州	414.57		414.37		419.33	
仙桃市	772.98	229.33	772.98	229.33	772.98	229.33
潜江市	517.99	171.37	546.71	171.37	546.71	171.37
天门市	857.33	137.7	857.33	137.7	857.33	137.7

2－20　2022年堤防长度

单位：km

行　政　区	合计	按所处位置分			按　等　级　分					
		河（江）堤	湖堤	圩垸、围堤	1级堤防	2级堤防	3级堤防	4级堤防	5级堤防	5级以下堤防
湖北省	**24377.12**	**18592.81**	**1392.56**	**4391.75**	**540.41**	**2838.13**	**2722.36**	**4186.40**	**8717.68**	**5372.14**
武汉市	**2015.59**	**1213.09**	**194.53**	**607.97**	**187.43**	**149.34**	**353.22**	**156.20**	**715.74**	**453.66**
江岸区	40.93	34.76		6.17	22.33	5.71	6.72			6.17
江汉区	5.15	5.15			5.15					
硚口区	25.25	25.25			25.25					
汉阳区	31.91	31.91			31.91					
武昌区	22.74	22.74			22.74					
青山区	20.43	20.43			20.43					
洪山区	41.81	16.16	7.85	17.80	16.16			25.65		
东西湖区	105.80	105.80				34.65	60.00	11.15		
汉南区	104.75	95.19		9.56		50.25	46.71		7.79	
蔡甸区	252.97	81.89	12.91	158.17	10.76	21.31	58.84	3.40	158.66	
江夏区	242.17	149.43	92.74		7.06	25.04		9.10	76.34	124.63
黄陂区	505.61	127.29	40.65	337.67			72.00	4.00	106.75	322.86
新洲区	550.30	455.62	40.38	54.30			103.90	102.90	343.50	
经济技术开发区	49.84	25.54		24.30	11.82	10.27	5.05		22.70	
东湖新技术开发区	4.78	4.78			2.67	2.11				
化学工业区	11.15	11.15			11.15					
黄石市	**1333.91**	**846.91**	**124.09**	**362.91**	**28.55**	**34.37**	**49.72**	**469.54**	**337.37**	**414.36**
黄石港区	15.30	7.00	5.60	2.70	7.00				6.05	2.25
西塞山区	34.58	20.28	14.30		20.28					14.30
阳新县	724.68	349.81	85.73	289.14		24.33	29.37	180.89	208.28	281.81
大冶市	559.35	469.82	18.46	71.07	1.27	10.04	20.35	288.65	123.04	116.00
十堰市	**643.01**	**643.01**					**38.03**	**190.52**	**403.42**	**11.04**
茅箭区	26.99	26.99					18.16	8.83		
张湾区	32.00	32.00						20.00	12.00	
郧阳区	116.50	116.50						30.25	86.25	
郧西县	146.40	146.40						37.26	98.10	11.04
竹山县	80.81	80.81						19.06	61.75	
竹溪县	99.96	99.96							99.96	
房县	75.61	75.61						65.26	10.35	
丹江口市	64.74	64.74					19.87	9.86	35.01	
宜昌市	**579.10**	**488.80**	**6.83**	**83.47**			**117.84**	**261.42**	**98.05**	**101.79**
伍家岗区	1.00	1.00								1.00
猇亭区	12.48	12.48					6.80			5.68

续表

行政区	合计	按所处位置分			按等级分					
		河（江）堤	湖堤	圩垸、围堤	1级堤防	2级堤防	3级堤防	4级堤防	5级堤防	5级以下堤防
远安县	15.57	15.57						12.77	2.80	
宜都市	63.93	63.93						38.99	24.94	
当阳市	223.97	217.14	6.83					128.86		95.11
枝江市	262.15	178.68		83.47			111.04	80.80	70.31	
襄阳市	**1390.17**	**1390.17**				**192.89**	**142.45**	**77.60**	**338.54**	**638.69**
襄城区	76.29	76.29				35.96			40.33	
樊城区	80.73	80.73				34.03	12.62		34.08	
襄州区	181.53	181.53				22.12	112.61	35.40	11.40	
南漳县	124.62	124.62						24.22	54.40	46.00
谷城县	128.24	128.24				15.14	17.22	12.18	26.20	57.50
保康县	404.03	404.03							108.84	295.19
老河口市	36.07	36.07				12.82			23.25	
枣阳市	16.00	16.00							16.00	
宜城市	342.66	342.66				72.82		5.80	24.04	240.00
鄂州市	**441.49**	**347.06**	**72.99**	**21.44**		**83.22**	**191.06**	**117.50**	**49.71**	
梁子湖区	110.72	74.65	25.10	10.97		15.15	59.58	35.99		
华容区	165.39	148.36	14.93	2.10		37.00	118.09	6.07	4.23	
鄂城区	165.38	124.05	32.96	8.37		31.07	13.39	75.44	45.48	
荆门市	**628.15**	**502.48**	**12.57**	**113.10**	**39.46**	**284.21**	**94.74**	**9.62**	**200.12**	
京山市	5.93	5.93							5.93	
沙洋县	223.15	173.55	1.40	48.20		16.29	94.74		112.12	
钟祥市	383.45	307.38	11.17	64.90	39.46	267.92		9.62	66.45	
屈家岭管理区	15.62	15.62							15.62	
孝感市	**1869.66**	**1742.38**	**127.28**			**218.48**	**377.01**	**669.44**	**537.26**	**67.47**
孝南区	405.88	350.37	55.51			54.32	73.04	22.97	188.08	67.47
孝昌县	27.71	27.71					14.98	1.75	10.98	
大悟县	158.08	158.08						71.08	87.00	
云梦县	223.77	223.77					90.98	45.06	87.73	
应城市	288.57	231.09	57.48				107.60	17.50	163.47	
安陆市	49.40	49.40				3.10	13.00	33.30		
汉川市	716.25	701.96	14.29			161.06	77.41	477.78		
荆州市	**4219.54**	**3466.62**	**379.23**	**373.69**	**269.17**	**1115.45**	**918.37**	**990.81**	**925.74**	
沙市区	207.43	148.44	47.99	11.00	16.50	47.99		61.17	81.77	
荆州区	290.81	183.24	65.77	41.80	48.85	72.48	40.51	101.30	27.67	
公安县	956.77	654.97	89.74	212.06	22.00	403.53	284.81	163.52	82.91	
监利市	611.19	520.63	55.99	34.57	75.32	133.85	86.67	280.86	34.49	
江陵县	650.67	650.67			69.50			109.82	471.35	

续表

行政区	合计	按所处位置分			按等级分					
		河（江）堤	湖堤	圩垸、围堤	1级堤防	2级堤防	3级堤防	4级堤防	5级堤防	5级以下堤防
石首市	458.00	430.88		27.12		157.31	279.39	18.74	2.56	
洪湖市	707.43	540.55	119.74	47.14	37.00	226.60	103.28	187.43	153.12	
松滋市	337.24	337.24				73.69	123.71	67.97	71.87	
黄冈市	**6313.34**	**3572.76**	**219.35**	**2521.23**		**195.62**	**180.51**	**580.55**	**2880.61**	**2476.05**
黄州区	247.46	181.85	33.84	31.77		46.98	73.53	101.50	25.45	
团风县	402.96	234.49		168.47		16.84	5.63	28.52	201.75	150.22
红安县	104.01	61.11		42.90				24.80	27.07	52.14
罗田县	971.30	485.73		485.57				44.67	424.20	502.43
英山县	880.36	419.56		460.80					419.56	460.80
浠水县	919.22	531.64		387.58			44.02	81.89	405.73	387.58
蕲春县	895.64	404.29	11.80	479.55			19.40	27.80	368.89	479.55
黄梅县	511.01	378.69	132.32			97.81	37.93	152.16	223.11	
麻城市	920.32	461.97		458.35				119.21	357.78	443.33
武穴市	461.06	413.43	41.39	6.24		33.99			427.07	
咸宁市	**2116.99**	**1743.82**	**199.80**	**173.37**		**41.95**	**93.07**	**125.76**	**892.60**	**963.61**
咸安区	342.13	238.49	103.64			9.87	29.00	52.00	129.39	121.87
嘉鱼县	397.99	311.58	31.60	54.81		23.79	32.78	41.00	197.95	102.47
通城县	535.73	535.73							166.33	369.40
崇阳县	423.84	423.84							138.50	285.34
通山县	138.08	105.56		32.52					99.18	38.90
赤壁市	279.22	128.62	64.56	86.04		8.29	31.29	32.76	161.25	45.63
随州市	**229.82**	**229.82**					**11.41**	**52.06**	**110.35**	**56.00**
曾都区	48.24	48.24					11.41	36.83		
随县	181.58	181.58						15.23	110.35	56.00
恩施土家族苗族自治州	**419.33**	**419.33**					**15.52**	**63.76**	**319.85**	**20.20**
恩施市	63.09	63.09					15.52	14.35	33.22	
利川市	27.72	27.72						2.68	25.04	
建始县	89.38	89.38							89.38	
巴东县	29.18	29.18							29.18	
宣恩县	49.38	49.38						29.18		20.20
咸丰县	71.49	71.49							71.49	
来凤县	40.47	40.47						4.55	35.92	
鹤峰县	48.62	48.62						13.00	35.62	
省直管	**2177.02**	**1986.56**	**55.89**	**134.57**	**15.80**	**522.60**	**139.41**	**421.62**	**908.32**	**169.27**
仙桃市	772.98	682.71		90.27		229.33	28.41		515.24	
潜江市	546.71	517.99	12.70	16.02		171.37		346.62	28.72	
天门市	857.33	785.86	43.19	28.28	15.80	121.90	111.00	75.00	364.36	169.27

2-21　2020—2022 年达标堤防长度

单位：km

行政区划	2020 年		2021 年		2022 年	
	总长度	其中：1 级、2 级堤防长度	总长度	其中：1 级、2 级堤防长度	总长度	其中：1 级、2 级堤防长度
湖北省	**6367.11**	**1621.62**	**8489.16**	**2091.23**	**8957.99**	**2210.63**
武汉市	944.49	303.42	891.72	303.42	929.69	341.39
黄石市	253.1	60.11	571.6	62.92	576.6	62.92
十堰市	439.21		466.22		501.5	
宜昌市	195.41		174.26		341.42	
襄阳市	313.25	142.45	389.82	143.27	398.86	143.87
鄂州市	340	68.07	340	68.07	340	68.07
荆门市	210.78	155.85	255.02	155.85	255.02	155.85
孝感市	188.14	45.38	589.26	175.45	606.11	175.45
荆州市	1264.94	609.13	1825.41	750.2	1845.61	757.53
黄冈市	513.51	175.14	777.08	176	876.93	176
咸宁市	475.21	18.16	770.89	40.45	772.39	41.95
随州市	124.01		143.39		147.37	
恩施土家族苗族自治州	368.73		386.47		386.47	
仙桃市	282.25	2.31	453.94	174	453.94	174
潜江市	41.6	41.6	41.6	41.6	113.6	113.6
天门市	412.48		412.48		412.48	

2－22　2022年达标堤防长度

单位：km

行政区	合计	按等级分				
		1级堤防	2级堤防	3级堤防	4级堤防	5级堤防
湖北省	**8957.99**	**412.63**	**1798.00**	**1500.26**	**1786.53**	**3460.57**
武汉市	**929.69**	**192.05**	**149.34**	**251.46**	**51.30**	**285.54**
江岸区	29.58	22.33	5.71	1.54		
江汉区	5.15	5.15				
硚口区	25.25	25.25				
汉阳区	31.91	31.91				
武昌区	22.74	22.74				
青山区	20.43	20.43				
洪山区	40.31	16.16			24.15	
东西湖区	105.80		34.65	60.00	11.15	
汉南区	50.25		50.25			
蔡甸区	157.88	10.76	21.31	13.37	3.40	109.04
江夏区	115.60	5.62	25.04		8.60	76.34
黄陂区	102.86			68.00	4.00	30.86
新洲区	172.80			103.50		69.30
经济技术开发区	27.14	11.82	10.27	5.05		
东湖新技术开发区	4.78	2.67	2.11			
化学工业区	17.21	17.21				
黄石市	**576.60**	**28.55**	**34.37**	**49.72**	**344.95**	**119.01**
黄石港区	7.00	7.00				
西塞山区	20.28	20.28				
阳新县	219.70		24.33	29.37	56.30	109.70
大冶市	329.62	1.27	10.04	20.35	288.65	9.31
十堰市	**501.50**			**30.91**	**145.67**	**324.92**
茅箭区	26.99			11.04	15.95	
张湾区	32.00				20.00	12.00
郧阳区	103.40				30.25	73.15
郧西县	98.10					98.10
竹山县	80.81				19.06	61.75
竹溪县	34.56					34.56
房县	60.90				50.55	10.35
丹江口市	64.74			19.87	9.86	35.01
宜昌市	**341.42**			**117.84**	**173.19**	**50.39**
猇亭区	6.80			6.80		
远安县	15.57				12.77	2.80

续表

行政区	合计	按等级分				
		1级堤防	2级堤防	3级堤防	4级堤防	5级堤防
宜都市	47.65				38.99	8.66
当阳市	80.65				80.65	
枝江市	190.75			111.04	40.78	38.93
襄阳市	**398.86**		**143.87**	**73.96**	**41.13**	**139.90**
襄城区	61.13		35.96			25.17
樊城区	34.03		34.03			
襄州区	119.41		22.12	72.61	24.68	
南漳县	29.35				5.40	23.95
谷城县	30.90		8.50	1.35	11.05	10.00
保康县	61.89					61.89
老河口市	18.50		12.82			5.68
枣阳市	13.21					13.21
宜城市	30.44		30.44			
鄂州市	**340.00**		**68.07**	**141.65**	**102.83**	**27.45**
梁子湖区	73.61			43.16	30.45	
华容区	138.58		37.00	92.05	5.55	3.98
鄂城区	127.81		31.07	6.44	66.83	23.47
荆门市	**255.02**	**39.46**	**116.39**	**38.84**	**9.62**	**50.71**
京山市	5.93					5.93
沙洋县	53.88		9.64	38.84		5.40
钟祥市	179.59	39.46	106.75		9.62	23.76
屈家岭管理区	15.62					15.62
孝感市	**606.11**		**175.45**	**249.78**	**131.13**	**49.75**
孝南区	111.21		35.28	63.39	12.54	
孝昌县	16.33			5.00	1.75	9.58
大悟县	61.57				30.25	31.32
云梦县	97.98			90.98		7.00
应城市	1.85					1.85
安陆市	49.40		3.10	13.00	33.30	
汉川市	267.77		137.07	77.41	53.29	
荆州市	**1845.61**	**152.57**	**604.96**	**326.40**	**326.81**	**434.87**
沙市区	8.10					8.10
荆州区	203.64	48.85	72.48	40.51	41.80	
公安县	281.79	22.00	157.83	21.50	13.60	66.86
监利市	449.65	7.07	107.40	86.67	248.51	
江陵县	426.09	69.50				356.59
石首市	200.00		117.14	82.86		

续表

行政区	合计	按等级分				
		1级堤防	2级堤防	3级堤防	4级堤防	5级堤防
洪湖市	229.18	5.15	135.55	88.48		
松滋市	47.16		14.56	6.38	22.90	3.32
黄冈市	**876.93**		**176.00**	**68.97**	**180.61**	**451.35**
黄州区	74.38		46.98	0.20	26.90	0.30
团风县	62.09		16.84	5.63	10.19	29.43
红安县	35.54				19.72	15.82
罗田县	84.92				7.37	77.55
英山县	123.20					123.20
浠水县	135.95			43.74	38.55	53.66
蕲春县	19.40			19.40		
黄梅县	125.79		78.19			47.60
麻城市	116.80				77.88	38.92
武穴市	98.86		33.99			64.87
咸宁市	**772.39**		**41.95**	**93.00**	**125.76**	**511.68**
咸安区	194.50		9.87	28.93	52.00	103.70
嘉鱼县	257.76		23.79	32.78	41.00	160.19
通城县	72.10					72.10
崇阳县	64.23					64.23
通山县	39.19					39.19
赤壁市	144.61		8.29	31.29	32.76	72.27
随州市	**147.37**			**11.41**	**26.63**	**109.33**
曾都区	22.81			11.41	11.40	
随县	124.56				15.23	109.33
恩施土家族苗族自治州	**386.47**			**15.52**	**58.80**	**312.15**
恩施市	63.09			15.52	14.35	33.22
利川市	20.02				2.68	17.34
建始县	89.38					89.38
巴东县	29.18					29.18
宣恩县	24.22				24.22	
咸丰县	71.49					71.49
来凤县	40.47				4.55	35.92
鹤峰县	48.62				13.00	35.62
省直管	**980.02**		**287.60**	**30.80**	**68.10**	**593.52**
仙桃市	453.94		174.00	1.80		278.14
潜江市	113.60		113.60			
天门市	412.48			29.00	68.10	315.38

2－23　2022年农村供水工程数量

单位：处

行　政　区	合计	农村集中式供水工程					农村分散式供水工程处数
		小计	城镇管网延伸工程	万人工程	千人工程	千人以下工程	
湖北省	**209482**	**14331**	**119**	**715**	**1668**	**11829**	**195151**
武汉市	**31**	**31**	**9**	**22**			
汉南区	2	2	1	1			
蔡甸区	5	5	5				
江夏区	6	6	1	5			
黄陂区	9	9	1	8			
新洲区	9	9	1	8			
黄石市	**9194**	**141**	**4**	**18**	**78**	**41**	**9053**
黄石港区	1	1	1				
铁山区	1	1	1				
阳新县	1934	81	1	17	63		1853
大冶市	7258	58	1	1	15	41	7200
十堰市	**4095**	**1224**	**8**	**59**	**366**	**791**	**2871**
茅箭区	32	32	1		3	28	
张湾区	22	22	1		2	19	
郧阳区	150	130	1	10	81	38	20
郧西县	887	264	1	16	86	161	623
竹山县	1246	136	1	4	30	101	1110
竹溪县	713	330	1	9	38	282	383
房县	758	228	1	9	110	108	530
丹江口市	287	82	1	11	16	54	205
宜昌市	**40739**	**2195**	**17**	**38**	**172**	**1968**	**38544**
西陵区	1	1			1		
点军区	132	17	1	2	6	8	115
夷陵区	6959	447	2	5	42	398	6512
远安县	2059	129	1	4	16	108	1930
兴山县	2200	342	1	2	11	328	1858
秭归县	12848	426	1	3	29	393	12422
长阳土家族自治县	6967	429	2	3	35	389	6538
五峰土家族自治县	6976	309	1	5	8	295	6667
宜都市	2128	67	3	3	16	45	2061
当阳市	459	18	1	5	8	4	441
枝江市	10	10	4	6			
襄阳市	**31439**	**1114**	**9**	**75**	**192**	**838**	**30325**
襄城区	11	11	2		2	7	

续表

行政区	合计	农村集中式供水工程					农村分散式供水工程处数
		小计	城镇管网延伸工程	万人工程	千人工程	千人以下工程	
樊城区	10	10	1	2	2	5	
襄州区	2675	75		19	36	20	2600
南漳县	5405	187	1	5	26	155	5218
谷城县	7939	122	1	13	30	78	7817
保康县	6771	571		6	10	555	6200
老河口市	419	29	1	7	9	12	390
枣阳市	5772	72	1	16	50	5	5700
宜城市	2418	18	1	5	12		2400
东津区	19	19	1	2	15	1	
鄂州市	**15**	**15**	**3**		**12**		
梁子湖区	13	13	1		12		
华容区	1	1	1				
鄂城区	1	1	1				
荆门市	**13645**	**109**	**6**	**42**	**15**	**46**	**13536**
东宝区	433	33	1	5	3	24	400
掇刀区	503	3	2		1		500
京山市	7871	35	1	6	10	18	7836
沙洋县	4812	12		12			4800
钟祥市	24	24	2	18		4	
屈家岭管理区	2	2		1	1		
孝感市	**11723**	**247**	**8**	**77**	**102**	**60**	**11476**
孝南区	2	2	1	1			
孝昌县	58	58	1	11	34	12	
大悟县	3260	84	1	20	19	44	3176
云梦县	4	4	1	2	1		
应城市	37	37	2	10	24	1	
安陆市	8314	14	1	9	3	1	8300
汉川市	48	48	1	24	21	2	
荆州市	**3095**	**140**	**18**	**101**	**18**	**3**	**2955**
沙市区	1	1	1				
荆州区	11	11	8	3			
公安县	14	14	1	13			
监利市	2326	26	2	24			2300
江陵县	9	9	3	6			
石首市	671	16	1	14	1		655
洪湖市	21	21	1	20			
松滋市	42	42	1	21	17	3	

续表

行 政 区	合计	农村集中式供水工程					农村分散式供水工程处数
		小计	城镇管网延伸工程	万人工程	千人工程	千人以下工程	
黄冈市	**18422**	**1942**	**13**	**112**	**149**	**1668**	**16480**
黄州区	1	1	1				
团风县	846	78	2	5	9	62	768
红安县	1862	249		7	8	234	1613
罗田县	3371	1055	1	13	24	1017	2316
英山县	2521	95	1	4	17	73	2426
浠水县	3174	59	2	11	5	41	3115
蕲春县	2313	148	1	27	28	92	2165
黄梅县	453	64	2	10	12	40	389
麻城市	3834	146	2	21	30	93	3688
武穴市	47	47	1	14	16	16	
咸宁市	**9002**	**1200**	**7**	**44**	**141**	**1008**	**7802**
咸安区	274	64	1	9	11	43	210
嘉鱼县	11	11	2	7	2		
通城县	3640	140	1	7	58	74	3500
崇阳县	3931	339	1	6	46	286	3592
通山县	1136	636	1	6	24	605	500
赤壁市	10	10	1	9			
随州市	**33223**	**223**	**3**	**34**	**99**	**87**	**33000**
曾都区	10944	44	1	9	21	13	10900
随县	21772	172	1	19	78	74	21600
广水市	507	7	1	6			500
恩施土家族苗族自治州	**22367**	**5602**	**7**	**63**	**316**	**5216**	**16765**
恩施市	3380	523	5	15	85	418	2857
利川市	3284	1541		12	62	1467	1743
建始县	6713	643		7	29	607	6070
巴东县	1959	486	1	3	45	437	1473
宣恩县	3863	1778		4	9	1765	2085
咸丰县	954	291		3	56	232	663
来凤县	653	30		18	5	7	623
鹤峰县	1561	310	1	1	25	283	1251
省直管	**12492**	**148**	**7**	**30**	**8**	**103**	**12344**
仙桃市	8	8	2	6			
潜江市	20	20	2	18			
天门市	11995	8	2	6			11987
神农架林区	469	112	1		8	103	357

2－24　2022年农村供水工程覆盖人口

单位：万人

行　政　区	合计	农村集中式供水工程					农村分散式供水工程受益人口数量
		小计	城镇管网延伸工程	万人工程	千人工程	千人以下工程	
湖北省	**4356.29**	**4224.75**	**954.71**	**2462.05**	**480.22**	**327.77**	**131.54**
武汉市	**261.85**	**261.85**	**103.33**	**158.52**			
汉南区	8.22	8.22	4.09	4.13			
蔡甸区	36.00	36.00	36.00				
江夏区	39.17	39.17	17.39	21.78			
黄陂区	103.48	103.48	42.25	61.23			
新洲区	74.98	74.98	3.60	71.38			
黄石市	**173.88**	**166.81**	**94.88**	**45.63**	**23.58**	**2.72**	**7.07**
黄石港区	11.10	11.10	11.10				
铁山区	11.10	11.10	11.10				
阳新县	78.18	74.47	11.38	44.05	19.04		3.71
大冶市	73.50	70.14	61.30	1.58	4.54	2.72	3.36
十堰市	**258.20**	**254.25**	**36.89**	**114.35**	**63.68**	**39.33**	**3.95**
茅箭区	4.17	4.17	2.50		0.95	0.72	
张湾区	6.29	6.29	4.90		0.70	0.69	
郧阳区	56.40	56.38	7.91	27.67	18.32	2.48	0.02
郧西县	41.83	40.89	1.13	14.37	15.90	9.49	0.94
竹山县	41.80	40.99	4.63	16.17	9.56	10.63	0.81
竹溪县	33.79	32.99	2.07	20.09	3.97	6.86	0.80
房县	40.55	39.58	3.89	15.86	12.37	7.46	0.97
丹江口市	33.37	32.96	9.86	20.19	1.91	1.00	0.41
宜昌市	**266.59**	**251.27**	**85.64**	**62.95**	**45.09**	**57.59**	**15.32**
西陵区	0.60	0.60			0.60		
点军区	8.50	8.45	4.65	2.54	0.94	0.32	0.05
夷陵区	42.02	38.23	5.29	11.54	11.25	10.15	3.79
远安县	14.76	13.74	2.82	3.22	4.03	3.67	1.02
兴山县	14.29	13.12	2.07	1.99	1.69	7.37	1.17
秭归县	39.51	36.80	4.40	4.94	7.70	19.76	2.71
长阳土家族自治县	30.88	27.90	4.37	5.90	8.07	9.56	2.98
五峰土家族自治县	15.49	13.83	0.33	4.31	2.43	6.76	1.66
宜都市	30.48	28.64	16.30	4.16	8.18		1.84
当阳市	37.16	37.06	33.61	3.25	0.20		0.10
枝江市	32.90	32.90	11.80	21.10			
襄阳市	**402.64**	**390.43**	**55.17**	**241.40**	**71.28**	**22.58**	**12.21**
襄城区	18.71	18.71	16.91		1.12	0.68	

续表

行政区	合计	农村集中式供水工程					农村分散式供水工程受益人口数量
		小计	城镇管网延伸工程	万人工程	千人工程	千人以下工程	
樊城区	23.20	23.20	9.02	13.66	0.46	0.06	
襄州区	76.64	75.34		58.56	15.92	0.86	1.30
南漳县	46.10	42.66	6.08	16.81	12.55	7.22	3.44
谷城县	48.62	45.82	4.32	32.77	5.92	2.81	2.80
保康县	26.65	24.90		8.47	6.81	9.62	1.75
老河口市	36.92	36.67	4.78	29.59	1.48	0.82	0.25
枣阳市	77.52	75.58	4.25	52.71	18.19	0.43	1.94
宜城市	41.78	41.05	9.17	25.18	6.70		0.73
东津区	6.50	6.50	0.64	3.65	2.13	0.08	
鄂州市	**81.18**	**81.18**	**71.22**		**9.96**		
梁子湖区	18.71	18.71	8.75		9.96		
华容区	26.23	26.23	26.23				
鄂城区	36.24	36.24	36.24				
荆门市	**239.29**	**233.86**	**36.26**	**181.99**	**12.22**	**3.39**	**5.43**
东宝区	17.12	17.00	2.00	10.26	2.64	2.10	0.12
掇刀区	16.65	15.73	15.73				0.92
京山市	54.78	52.04	1.50	40.80	8.45	1.29	2.74
沙洋县	54.08	52.43		52.43			1.65
钟祥市	91.71	91.71	17.03	74.45	0.23		
屈家岭管理区	4.95	4.95		4.05	0.90		
孝感市	**416.26**	**410.48**	**165.69**	**213.29**	**27.97**	**3.53**	**5.78**
孝南区	53.02	53.02	46.79	6.23			
孝昌县	61.62	61.62	12.61	36.93	11.30	0.78	
大悟县	56.38	53.52	6.18	36.81	7.96	2.57	2.86
云梦县	52.89	52.89	43.99	8.47	0.43		
应城市	52.92	52.92	24.60	27.02	1.30		
安陆市	46.49	43.57	14.57	27.91	1.09		2.92
汉川市	92.94	92.94	16.95	69.92	5.89	0.18	
荆州市	**529.72**	**528.62**	**75.30**	**415.90**	**32.33**	**5.09**	**1.10**
沙市区	10.99	10.99	10.99				
荆州区	32.05	32.05	15.34	16.71			
公安县	91.14	91.14		91.14			
监利市	143.70	142.90		142.90			0.80
江陵县	37.52	37.52	25.22	12.30			
石首市	55.20	54.90	21.52	33.38			0.30
洪湖市	86.09	86.09	2.23	83.86			
松滋市	73.03	73.03		35.61	32.33	5.09	

续表

行　政　区	合计	农村集中式供水工程					农村分散式供水工程受益人口数量
		小计	城镇管网延伸工程	万人工程	千人工程	千人以下工程	
黄冈市	**596.70**	**574.07**	**52.32**	**430.93**	**42.30**	**48.52**	**22.63**
黄州区	14.10	14.10	14.10				
团风县	31.07	30.14	6.90	17.44	2.38	3.42	0.93
红安县	57.79	54.73		40.77	6.59	7.37	3.06
罗田县	49.12	45.93	1.22	20.95	4.02	19.74	3.19
英山县	36.91	33.08	1.39	20.06	7.40	4.23	3.83
浠水县	82.70	75.90	6.10	68.09	1.26	0.45	6.80
蕲春县	81.61	78.37	5.20	59.70	8.31	5.16	3.24
黄梅县	88.04	87.90	8.28	74.61	1.96	3.05	0.14
麻城市	91.24	89.80	1.50	77.56	6.44	4.30	1.44
武穴市	64.12	64.12	7.63	51.75	3.94	0.80	
咸宁市	**226.82**	**220.91**	**42.25**	**115.88**	**27.87**	**34.91**	**5.91**
咸安区	42.28	42.18	9.24	27.66	2.83	2.45	0.10
嘉鱼县	29.27	29.27	12.69	15.18	1.40		
通城县	41.16	39.71	7.11	18.95	7.03	6.62	1.45
崇阳县	37.33	34.92	2.61	11.75	9.97	10.59	2.41
通山县	36.99	35.04	2.35	10.80	6.64	15.25	1.95
赤壁市	39.79	39.79	8.25	31.54			
随州市	**213.70**	**189.23**	**12.68**	**148.10**	**21.97**	**6.48**	**24.47**
曾都区	37.28	34.02	7.68	21.70	2.60	2.04	3.26
随县	106.72	86.01	1.80	60.40	19.37	4.44	20.71
广水市	69.70	69.20	3.20	66.00			0.50
恩施土家族苗族自治州	**338.07**	**313.84**	**14.86**	**98.57**	**99.49**	**100.92**	**24.23**
恩施市	63.69	60.30	11.40	18.16	18.69	12.05	3.39
利川市	72.26	66.29		18.11	27.66	20.52	5.97
建始县	46.75	43.26		14.27	8.84	20.15	3.49
巴东县	41.51	38.20	1.50	8.40	12.67	15.63	3.31
宣恩县	32.98	29.85		7.27	5.73	16.85	3.13
咸丰县	33.05	30.50		4.60	17.32	8.58	2.55
来凤县	28.56	27.65		25.96	1.37	0.32	0.91
鹤峰县	19.27	17.79	1.96	1.80	7.21	6.82	1.48
省直管	**351.39**	**347.95**	**108.22**	**234.54**	**2.48**	**2.71**	**3.44**
仙桃市	119.20	119.20	68.82	50.38			
潜江市	73.13	73.13	21.41	51.72			
天门市	152.95	149.88	17.44	132.44			3.07
神农架林区	6.11	5.74	0.55		2.48	2.71	0.37

2-25 2022年农村供水工程实际供水量

单位：万 m^3

行 政 区	合计	农村集中式供水工程					农村分散式供水工程
		小计	城镇管网延伸工程	万人工程	千人工程	千人以下工程	
湖北省	**300545.70**	**286454.85**	**109876.20**	**137575.98**	**29655.00**	**9347.67**	**14090.85**
武汉市	**36982.53**	**36982.53**	**23184.63**	**13797.90**			
汉南区	12372.45	12372.45	11963.13	409.32			
蔡甸区	1730.00	1730.00	1730.00				
江夏区	8678.00	8678.00	7491.00	1187.00			
黄陂区	8782.00	8782.00	1840.00	6942.00			
新洲区	5420.08	5420.08	160.50	5259.58			
黄石市	**7156.10**	**6873.10**	**3523.70**	**2196.60**	**1053.52**	**99.28**	**283.00**
黄石港区	405.00	405.00	405.00				
铁山区	72.00	50.00	50.00				22.00
阳新县	4036.76	3870.76	832.00	2150.50	888.26		166.00
大冶市	2642.34	2547.34	2236.70	46.10	165.26	99.28	95.00
十堰市	**16820.30**	**16649.19**	**10175.42**	**3271.77**	**2434.08**	**767.92**	**171.11**
茅箭区	59.11	59.11	26.90		32.21		
张湾区	7136.37	7136.37	7081.62		24.82	29.93	
郧阳区	2474.74	2463.94	530.45	1483.49	306.00	144.00	10.80
郧西县	1220.22	1216.88	26.40	384.35	518.77	287.36	3.34
竹山县	450.38	413.59	15.48	291.40	83.15	23.56	36.79
竹溪县	2534.32	2470.75	1796.00	82.40	592.00	0.35	63.57
房县	1546.32	1492.01	272.62	158.03	815.38	245.98	54.31
丹江口市	1398.84	1396.54	425.95	872.10	61.75	36.74	2.30
宜昌市	**15886.85**	**14173.25**	**7970.45**	**2782.72**	**1570.46**	**1849.62**	**1713.60**
西陵区	70.00	70.00			70.00		
伍家岗区	4620.00	4620.00	4620.00				
点军区	135.21	135.11	49.11	56.00	24.00	6.00	0.10
猇亭区	23.64	23.64	23.64				
夷陵区	1798.82	1183.82	45.56	359.36	395.67	383.23	615.00
远安县	607.70	582.04	135.04	146.43	155.35	145.22	25.66
兴山县	277.26	238.92	45.33	43.58	30.44	119.57	38.34
秭归县	912.00	361.80	78.20	146.00	92.00	45.60	550.20
长阳土家族自治县	1751.92	1339.52	159.57	215.35	294.60	670.00	412.40
五峰土家族自治县	894.90	873.00	10.00	253.00	130.00	480.00	21.90
宜都市	1095.40	1050.40	572.00	168.00	310.40		45.00
当阳市	1639.50	1634.50	1500.00	118.00	16.50		5.00
枝江市	2060.50	2060.50	732.00	1277.00	51.50		

续表

行 政 区	合计	农村集中式供水工程					农村分散式供水工程
		小计	城镇管网延伸工程	万人工程	千人工程	千人以下工程	
襄阳市	**80524.94**	**76795.44**	**20962.96**	**38624.69**	**14628.85**	**2578.94**	**3729.50**
襄城区	2261.00	442.00	284.05	93.78	6.57	57.60	1819.00
樊城区	11407.00	10496.00	781.00	8665.00	750.00	300.00	911.00
襄州区	31697.00	31627.00		18580.00	11770.00	1277.00	70.00
南漳县	972.00	870.00	248.00	258.00	188.00	176.00	102.00
谷城县	5134.44	5104.44	3147.91	1567.91	251.28	137.34	30.00
保康县	499.00	446.00	10.00	244.00	146.00	46.00	53.00
老河口市	1688.50	1683.00	174.00	1371.00	75.00	63.00	5.50
枣阳市	2459.00	1939.00	173.00	1418.00	348.00		520.00
宜城市	5852.00	5633.00	4823.00	627.00	183.00		219.00
东津区	18555.00	18555.00	11322.00	5800.00	911.00	522.00	
鄂州市	**10718.00**	**10718.00**	**10681.77**		**36.23**		
梁子湖区	285.00	285.00	248.77		36.23		
华容区	3650.00	3650.00	3650.00				
鄂城区	6783.00	6783.00	6783.00				
荆门市	**10247.28**	**9780.42**	**3463.53**	**5889.85**	**340.99**	**86.05**	**466.86**
东宝区	433.98	425.24	32.03	330.10	18.06	45.05	8.74
掇刀区	277.00	267.00	251.00		16.00		10.00
京山市	1722.00	1636.00	47.00	1282.00	266.00	41.00	86.00
沙洋县	6531.12	6189.00	2988.00	3201.00			342.12
钟祥市	1269.25	1249.25	145.50	1063.25	40.50		20.00
屈家岭管理区	13.93	13.93		13.50	0.43		
孝感市	**15281.19**	**15057.19**	**4710.86**	**9018.30**	**1162.03**	**166.00**	**224.00**
孝南区	2231.61	2231.61	1795.72	435.89			
孝昌县	1903.00	1903.00	398.00	1120.00	350.00	35.00	
大悟县	1826.00	1742.00	190.00	1244.00	233.00	75.00	84.00
云梦县	733.58	733.58	610.14	117.48	5.96		
应城市	1522.00	1522.00	713.00	762.00	47.00		
安陆市	1278.00	1138.00	262.00	462.00	358.00	56.00	140.00
汉川市	5787.00	5787.00	742.00	4876.93	168.07		
荆州市	**21342.34**	**21337.84**	**4670.23**	**15504.61**	**1013.00**	**150.00**	**4.50**
沙市区	266.04	266.04	266.04				
荆州区	880.00	880.00	465.00	415.00			
公安县	5316.00	5316.00	1854.00	3462.00			
监利市	6023.50	6022.00		6022.00			1.50
江陵县	1522.80	1522.80	985.19	537.61			
石首市	1973.00	1970.00	950.00	1020.00			3.00

续表

行政区	合计	农村集中式供水工程					农村分散式供水工程
		小计	城镇管网延伸工程	万人工程	千人工程	千人以下工程	
洪湖市	3150.00	3150.00	150.00	3000.00			
松滋市	2211.00	2211.00		1048.00	1013.00	150.00	
黄冈市	**23048.61**	**19504.75**	**4816.37**	**12281.50**	**1993.52**	**413.36**	**3543.86**
黄州区	651.53	651.53	651.53				
团风县	1645.83	1624.17	893.52	595.09	76.56	59.00	21.66
红安县	5256.00	2269.00		1320.00	949.00		2987.00
罗田县	100.59	100.26	0.20	18.76	35.30	46.00	0.33
英山县	1233.07	823.07	55.00	468.16	255.24	44.67	410.00
浠水县	1616.00	1606.10	57.20	1435.30	55.70	57.90	9.90
蕲春县	3343.15	3265.15	86.68	2843.65	229.42	105.40	78.00
黄梅县	4991.09	4988.02	2920.00	1932.60	135.42		3.07
麻城市	1878.82	1844.92	26.94	1624.94	115.65	77.39	33.90
武穴市	2332.53	2332.53	125.30	2043.00	141.23	23.00	
咸宁市	**9873.26**	**8123.93**	**3728.11**	**3179.84**	**907.33**	**308.65**	**1749.33**
咸安区	1054.60	1051.00	310.00	620.00	96.00	25.00	3.60
嘉鱼县	498.35	498.35	230.00	242.35	26.00		
通城县	2472.00	1263.00	548.00	343.00	302.80	69.20	1209.00
崇阳县	2277.90	1764.60	831.70	554.40	378.50		513.30
通山县	727.56	704.13	51.68	333.97	104.03	214.45	23.43
赤壁市	2842.85	2842.85	1756.73	1086.12			
随州市	**6522.24**	**6095.74**	**2808.30**	**2383.26**	**749.14**	**155.04**	**426.50**
曾都区	1194.25	1161.25	842.60	275.76	42.89		33.00
随县	3405.69	3013.69	65.70	2087.50	705.45	155.04	392.00
广水市	1922.30	1920.80	1900.00	20.00	0.80		1.50
恩施土家族苗族自治州	**11301.56**	**9642.97**	**1124.87**	**2409.44**	**3545.85**	**2562.81**	**1658.59**
恩施市	1521.73	1409.15	84.87	565.49	566.67	192.12	112.58
利川市	3268.00	3238.00	977.00	612.00	963.00	686.00	30.00
建始县	1663.00	1524.00		320.00	460.00	744.00	139.00
巴东县	2012.00	897.00	50.00	337.00	510.00		1115.00
宣恩县	1149.00	969.00		260.00	212.00	497.00	180.00
咸丰县	1203.20	1165.19		112.95	673.20	379.04	38.01
来凤县	399.63	379.63		179.00	151.98	48.65	20.00
鹤峰县	85.00	61.00	13.00	23.00	9.00	16.00	24.00
省直管	**34840.50**	**34720.50**	**8055.00**	**26235.50**	**220.00**	**210.00**	**120.00**
仙桃市	18395.00	18395.00	3395.00	15000.00			
潜江市	9114.50	9114.50	3650.00	5464.50			
天门市	6811.00	6731.00	960.00	5771.00			80.00
神农架林区	520.00	480.00	50.00		220.00	210.00	40.00

2-26 2022年塘坝、窖池、机电井数量

行政区	塘坝/座	窖池/座	机电井数量/眼		
			合计	规模以上	规模以下
湖北省	**796720**	**193461**	**1484157**	**13222**	**1470935**
武汉市	**67032**		**11427**	**570**	**10857**
硚口区			2	2	
汉阳区			17	11	6
武昌区			4	4	
洪山区			54		54
东西湖区	10		3909	198	3711
汉南区			518	106	412
蔡甸区	3725		56	56	
江夏区	7101				
黄陂区	38150		27	27	
新洲区	16725		165	165	
东湖新技术开发区	1321		5379	1	5378
化学工业区			1296		1296
黄石市	**13885**		**73808**	**131**	**73677**
西塞山区	94		3	3	
下陆区	115				
铁山区	29				
阳新县	8338		30140	48	30092
大冶市	5309		43665	80	43585
十堰市	**17325**	**50439**	**2288**	**68**	**2220**
茅箭区	51				
张湾区	111	45	2181	6	2175
郧阳区	3330	30126	6	6	
郧西县	240	3848	40	11	29
竹山县	1703	9049			
竹溪县	3856	3122	12	12	
房县	686	2394	49	33	16
丹江口市	7348	1855			
宜昌市	**58257**	**109626**	**43087**	**291**	**42796**
西陵区	2				
点军区	608	4435			
猇亭区	689	81	1662	2	1660
夷陵区	6807	8705			
远安县	4066	3248	3260	22	3238
兴山县	469	6756	7	7	
秭归县	1763	44176			
长阳土家族自治县	1012	16278			

续表

行 政 区	塘坝/座	窖池/座	机电井数量/眼		
			合计	规模以上	规模以下
五峰土家族自治县	219	12470			
宜都市	8143	13477	4	4	
当阳市	18849		33153	215	32938
枝江市	15630		5001	41	4960
襄阳市	**48878**	**17070**	**207694**	**3818**	**203876**
襄城区	2176		26985	774	26211
樊城区	920		4820	812	4008
襄州区	4956		71754	1211	70543
南漳县	9973	6444	30874	100	30774
谷城县	5105	290	1030	16	1014
保康县	1391	10336	30	2	28
老河口市	3582		3137	148	2989
枣阳市	6675		13972	256	13716
宜城市	14100		55092	499	54593
鄂州市	**7318**		**3139**	**7**	**3132**
梁子湖区	2298		833		833
华容区	2270		2042	3	2039
鄂城区	2750		264	4	260
荆门市	**110184**	**1864**	**49979**	**1722**	**48257**
东宝区	18318	716	23358	9	23349
掇刀区	11275		8425	18	8407
京山市	29087	451	211	157	54
沙洋县	22012		851	851	
钟祥市	29072	697	17048	601	16447
屈家岭管理区	420		86	86	
孝感市	**35921**	**3**	**477975**	**1013**	**476962**
孝南区	10654		45247	279	44968
孝昌县	451		103631	32	103599
大悟县	358		61054	28	61026
云梦县	8276		81133	246	80887
应城市	15508		47282	241	47041
安陆市	358		61054	28	61026
汉川市	316	3	78574	159	78415
荆州市	**49643**	**2424**	**144685**	**694**	**143991**
沙市区	509		10084	23	10061
荆州区	10951		24810	123	24687
公安县	8945		2611	175	2436
监利市	191		26690	113	26577
江陵县	6		17880	26	17854

续表

行　政　区	塘坝/座	窖池/座	机电井数量/眼		
			合计	规模以上	规模以下
石首市	292	289	10362	18	10344
洪湖市	32		9714	137	9577
松滋市	28717	2135	42534	79	42455
黄冈市	**203515**		**261762**	**704**	**261058**
黄州区	2941		7169	64	7105
团风县	11102		26323	3	26320
红安县	30494		1533	341	1192
罗田县	27830		20037	75	19962
英山县	12656		3129	3	3126
浠水县	25029		79397	37	79360
蕲春县	19778		41525	34	41491
黄梅县	7522		14865	5	14860
麻城市	55920		50719	142	50577
武穴市	10243		17065		17065
咸宁市	**32033**		**73132**	**149**	**72983**
咸安区	6169		5378	36	5342
嘉鱼县	1523		7	7	
通城县	12214		45222	31	45191
崇阳县	6028		22465	74	22391
通山县	463		60	1	59
赤壁市	5636				
随州市	**123207**		**3631**	**3628**	**3**
曾都区	23670		33	30	3
随县	57155		3546	3546	
广水市	42382		52	52	
恩施土家族苗族自治州	**11115**	**12035**	**344**	**5**	**339**
恩施市	296	101	3	3	
利川市	2166		341	2	339
建始县	3510				
巴东县	2144	7261			
宣恩县	316				
咸丰县	1841				
来凤县	295				
鹤峰县	547	4673			
省直管	**18407**		**131206**	**422**	**130784**
仙桃市	10265		17426	206	17220
潜江市			149	60	89
天门市	8089		113631	156	113475
神农架林区	53				

主要指标解释

【水库】指在河道、山谷或低洼地有水源，或可从另一河道引入水源的地方修建挡水坝或堤堰，形成具有拦洪蓄水和调节水量功能，且总库容大于等于10万立方米的水利工程。

水库工程等级划分标准

工程规模	水库总库容/10^8m^3	防洪		治涝	灌溉	供水	发电
		保护城镇及工矿企业的重要性	保护农田/10^4亩	治涝面积/10^4亩	灌溉面积/10^4亩	供水对象重要性	装机容量/10^4kW
大（1）型	≥10	特别重要	≥500	≥500	≥150	特别重要	≥120
大（2）型	10～1.0	重要	500～100	200～60	150～50	重要	120～30
中型	1.0～0.10	中等	100～30	60～15	50～5	中等	30～5
小（1）型	0.10～0.01	一般	30～5	15～3	5～0.5	一般	5～1
小（2）型	0.01～0.001		＜5	＜3	＜0.5		＜1

【水库总库容】校核洪水位以下的水库容积。

【水库兴利库容】正常蓄水位与死水位之间的水库容积。

【水库防洪库容】防洪高水位（下游防护区遭遇设计洪水时，水库达到的最高洪水位）与防洪限制水位间（水库在汛期允许兴利蓄水的上限水位）的水库容积。

【泵站】指建在河道、湖泊、渠道上或水库岸边，由泵和其他机电设备、泵房以及进出水建筑物组成，可以将低处的水提升到所需高度，用于排水、灌溉、城镇生活和工业供水等的水利工程。

泵站工程等级划分标准

工程等别	泵站规模	分等指标	
		装机流量/(m^3/s)	装机功率/10^4kW
Ⅰ	大（1）型	≥200	≥3
Ⅱ	大（2）型	200～50	3～1
Ⅲ	中型	50～10	1～0.1
Ⅳ	小（1）型	10～2	0.1～0.01
Ⅴ	小（2）型	＜2	＜0.01

注 1. 装机流量、装机功率指单站指标，且包括备用机组在内。
2. 由多级或多座泵站联合组成的泵站工程的等别，可按其整个系统的分等指标确定。
3. 当泵站按分等指标分属两个不同等别，应以其中的高等别为准。

【水闸】指建在河道、渠道、海堤上或湖泊、水库岸边，利用闸门控制流量和调节水位，具有挡水和泄（引）水功能的低水头水工建筑物。

水闸工程等级划分标准

工程等级	工程规模	最大过闸流量/(m^3/s)	防护对象的重要性
Ⅰ	大（1）型	≥5000	特别重要
Ⅱ	大（2）型	5000～1000	重要
Ⅲ	中型	1000～100	中等
Ⅳ	小（1）型	100～20	一般
Ⅴ	小（2）型	＜20	—

【水电站】 指为将水能转换成电能而修建的水工建筑物和设置的机械、电气设备的综合枢纽。

【堤防长度】 堤防指沿河、湖、海等岸边，或行洪区、分洪区、蓄洪区、围垦区边缘修筑的挡水建筑物，其长度按堤顶中心线长度计算。

堤防工程等级划分执行《防洪标准》(GB 50201—94）的规定，分为五个级别，具体见下表。

堤防工程等级划分标准

防洪标准［重现期（年）］	≥100	＜100，且≥50	＜50，且≥30	＜30，且≥20	＜20，且≥10
堤防等级	1	2	3	4	5

【达标堤防长度】 指达到规划防洪标准的堤防长度。堤防防洪标准划分参见《防洪标准》(GB 50201—94)。

【农村集中式供水工程】 指以村镇为单位，从水源集中取水、输水、净水通过输配水管网送到用户或者集中供水点的供水系统。

【城镇管网延伸工程】 依靠城镇供水管网向周边农村地区延伸供水的工程。

【联村供水工程】 同时为多个村供水的集中式供水工程。

【单村供水工程】 只为一个村供水的集中式供水工程。

【农村分散式供水工程】 无配水管网，由用户自行取用水的农村供水设施。

【塘坝】 利用天然洼地开挖修建堰坝，或在坡地上、山谷间筑坝，形成的具有拦截和贮存地表径流功能的，蓄水容积大于等于500立方米且小于10万立方米的蓄水工程。

【机电井】 指以电动机、柴油机等动力机械带动水泵抽取地下水的水井。

对灌溉机电井和供水机电井，分别按照井口井管内径和日取水量划分规模。规模以上机电井指井口井管内径大于等于200毫米的灌溉机电井、日取水量大于等于20立方米的供水机电井。

三、农业灌溉

NONG YE GUAN GAI

图片来源：襄北农场喷灌工程实拍

3-1 2020—2022年灌溉面积

单位：万亩

行政区划	2020年		2021年		2022年	
	总灌溉面积	其中：耕地灌溉面积	总灌溉面积	其中：耕地灌溉面积	总灌溉面积	其中：耕地灌溉面积
湖北省	**4971.15**	**4629.06**	**4932.25**	**4638.49**	**5125.22**	**4813.25**
武汉市	273.92	254.82	268.55	250.23	291.53	274.52
黄石市	110.47	109.86	110.25	109.67	108.83	108.30
十堰市	93.53	92.53	113.27	111.98	116.78	112.35
宜昌市	312.27	259.41	330.37	265.27	328.90	264.92
襄阳市	566.37	551.30	566.57	549.26	594.51	577.04
鄂州市	100.89	83.76	43.42	38.34	43.42	38.34
荆门市	451.55	424.73	451.62	424.80	473.31	439.05
孝感市	538.41	537.35	544.75	537.35	510.63	484.07
荆州市	890.65	861.03	906.60	877.51	916.56	876.85
黄冈市	541.70	485.13	548.39	494.48	541.07	515.9
咸宁市	200.70	191.03	201.00	191.31	192.86	186.78
随州市	192.75	172.88	204.72	184.25	224.27	205.53
恩施土家族苗族自治州	178.01	158.55	178.04	158.58	178.04	158.58
仙桃市	185.60	170.30	185.60	170.30	185.60	170.30
潜江市	111.65	109.92	112.02	110.30	151.53	148.14
天门市	167.60	165.39	165.99	163.79	266.31	251.51
神农架林区	1.10	1.10	1.10	1.10	1.10	1.10

3-2 2022年灌溉面积

单位：万亩

行政区	按土地用途分					年实际耕地灌溉面积
	合计	耕地灌溉面积	林地灌溉面积	园地灌溉面积	牧草地灌溉面积	
湖北省	**5125.22**	**4813.25**	**158.69**	**142.95**	**10.32**	**4251.01**
武汉市	**291.53**	**274.52**	**9.96**	**7.05**		**225.20**
汉阳区	1.26	1.26				1.26
洪山区	0.81	0.75	0.06			
东西湖区	14.78	9.30	4.76	0.72		9.00
汉南区	11.12	9.89	0.77	0.47		9.89
蔡甸区	47.04	47.04				42.06
江夏区	54.36	53.43	0.51	0.42		41.36
黄陂区	88.61	81.80	3.15	3.66		51.18
新洲区	57.29	56.04	0.72	0.53		56.04
东湖新技术开发区	13.61	12.35		1.26		12.35
化学工业区	2.07	2.07				2.07
东湖生态旅游风景区	0.60	0.60				
黄石市	**108.83**	**108.30**	**0.47**	**0.06**		**84.45**
阳新县	53.88	53.70	0.12	0.06		37.50
大冶市	54.95	54.60	0.35			46.95
十堰市	**116.78**	**112.35**	**1.22**	**2.99**	**0.23**	**93.51**
茅箭区	0.18	0.18				0.18
张湾区	2.24	1.61	0.60	0.03		1.61
郧阳区	27.36	24.84	0.20	2.10	0.23	21.83
郧西县	9.56	9.54		0.02		7.95
竹山县	17.06	16.08	0.26	0.72		15.99
竹溪县	14.12	14.00		0.12		14.00
房县	15.18	15.02	0.17			12.36
丹江口市	31.10	31.10				19.61
宜昌市	**328.90**	**264.92**	**12.14**	**51.84**		**246.36**
伍家岗区	0.03			0.03		
点军区	5.93	4.43		1.50		2.24
猇亭区	1.36	0.94	0.42			0.87
夷陵区	23.49	19.25		4.25		19.25
远安县	22.92	22.13		0.78		21.26
兴山县	25.89	20.10		5.79		18.39
秭归县	24.15	14.91		9.24		14.91
长阳土家族自治县	36.65	22.19	4.22	10.25		19.08
五峰土家族自治县	15.45	12.08		3.38		10.98
宜都市	23.99	20.18		3.81		20.10

续表

行政区	按土地用途分					年实际耕地灌溉面积
	合计	耕地灌溉面积	林地灌溉面积	园地灌溉面积	牧草地灌溉面积	
当阳市	66.71	59.21	7.50			59.21
枝江市	82.35	69.53		12.83		60.09
襄阳市	**594.51**	**577.04**	**10.64**	**6.54**	**0.30**	**548.66**
襄城区	26.03	23.36	2.09	0.59		23.36
樊城区	14.04	14.04				12.51
襄州区	188.48	179.13	6.38	2.97		179.13
南漳县	44.19	43.35	0.35	0.50		39.53
谷城县	39.39	36.20	1.40	1.50	0.30	32.46
保康县	10.64	10.53	0.02	0.09		6.66
老河口市	44.73	44.33	0.17	0.24		40.23
枣阳市	168.71	168.71				168.71
宜城市	58.32	57.41	0.26	0.66		46.08
鄂州市	**43.42**	**38.34**	**4.65**	**0.44**		**36.71**
梁子湖区	10.02	9.45	0.41	0.17		9.45
华容区	13.10	12.11	0.75	0.24		12.11
鄂城区	20.31	16.78	3.50	0.03		15.15
荆门市	**473.31**	**439.05**	**16.55**	**12.18**	**5.54**	**319.94**
东宝区	25.23	19.34	3.32	2.58		19.34
掇刀区	23.34	21.84	0.75	0.75		19.25
京山市	153.75	151.98	0.77	1.01		101.33
沙洋县	121.79	119.07	1.59	1.13		96.87
钟祥市	121.41	107.97	5.93	1.98	5.54	77.25
屈家岭管理区	27.80	18.86	4.20	4.74		5.91
孝感市	**510.63**	**484.07**	**19.59**	**6.77**	**0.21**	**407.06**
孝南区	54.92	47.33	6.47	1.13		47.33
孝昌县	66.78	56.57	5.76	4.46		46.20
大悟县	47.36	46.88	0.14	0.35		33.80
云梦县	58.86	57.80	0.48	0.38	0.21	38.30
应城市	85.89	85.89				79.05
安陆市	82.55	82.55				57.33
汉川市	114.29	107.07	6.75	0.47		105.06
荆州市	**916.56**	**876.85**	**21.08**	**18.63**		**830.71**
沙市区	27.69	27.09	0.50	0.11		26.93
荆州区	57.87	53.01	1.25	3.62		53.01
公安县	148.88	148.88				148.88
监利市	258.75	252.30	6.05	0.41		211.40
江陵县	119.58	112.31	2.49	4.79		108.09
石首市	80.21	79.23	0.50	0.48		78.37

续表

行政区	按土地用途分					年实际耕地灌溉面积
	合计	耕地灌溉面积	林地灌溉面积	园地灌溉面积	牧草地灌溉面积	
洪湖市	113.96	111.74	0.17	2.06		111.74
松滋市	109.64	92.31	10.14	7.19		92.31
黄冈市	**541.07**	**515.90**	**14.81**	**10.37**		**483.80**
黄州区	11.64	11.34		0.30		11.04
团风县	29.88	26.67	0.20	3.02		22.92
红安县	44.63	43.53	1.10			41.45
罗田县	47.63	47.63				47.63
英山县	17.69	17.69				17.69
浠水县	77.48	68.70	5.85	2.93		50.85
蕲春县	66.39	66.39				65.88
黄梅县	104.85	104.85				104.85
麻城市	73.13	71.46		1.67		71.46
武穴市	67.77	57.65	7.67	2.46		50.04
咸宁市	**192.86**	**186.78**	**3.65**	**2.43**		**169.62**
咸安区	32.99	30.84	2.15			25.43
嘉鱼县	39.75	38.25	1.20	0.30		35.15
通城县	28.82	27.95	0.30	0.57		27.84
崇阳县	30.06	28.56		1.50		25.32
通山县	15.72	15.66		0.06		15.38
赤壁市	45.53	45.53				40.52
随州市	**224.27**	**205.53**	**14.88**	**3.60**	**0.26**	**193.17**
曾都区	42.29	40.35	0.50	1.44		40.35
随县	116.58	100.94	13.65	1.86	0.14	92.82
广水市	65.40	64.25	0.74	0.30	0.12	60.00
恩施土家族苗族自治州	**178.04**	**158.58**	**9.18**	**6.48**	**3.80**	**75.93**
恩施市	21.84	21.84				12.05
利川市	38.31	35.40	2.91			15.27
建始县	17.55	16.28	1.28			5.96
巴东县	10.76	10.76				7.89
宣恩县	22.13	22.04	0.05	0.05		9.23
咸丰县	29.93	17.16	4.95	4.02	3.80	10.92
来凤县	20.12	18.92		1.20		8.18
鹤峰县	17.42	16.20		1.22		6.45
省直管	**604.53**	**571.04**	**19.91**	**13.59**		**535.91**
仙桃市	185.60	170.30	5.10	10.20		135.32
潜江市	151.53	148.14		3.39		148.14
天门市	266.31	251.51	14.81			251.51
神农架林区	1.10	1.10				0.95

3－3　2020—2022年灌区数量

单位：处

行政区划	2020年		2021年		2022年	
	总数	其中：大型灌区	总数	其中：大型灌区	总数	其中：大型灌区
湖北省	**1186**	**40**	**1127**	**40**	**1127**	**40**
武汉市	140	2	127	2	127	2
黄石市	76		92		92	
十堰市	59		47		47	
宜昌市	85	1	83	1	83	1
襄阳市	119	5	100	5	100	5
鄂州市	31		25		25	
荆门市	119	5	113	5	113	5
孝感市	115	1	104	1	104	1
荆州市	56	13	55	13	55	13
黄冈市	137	4	138	4	138	4
咸宁市	102	3	101	3	101	3
随州市	52	3	48	3	48	3
恩施土家族苗族自治州	73		73		73	
仙桃市	8	1	8	1	8	1
潜江市	6	1	5	1	5	1
天门市	8	1	8	1	8	1

3－4　2022年规模以上灌区数量

单位：处

行 政 区	合计	按 规 模 分					
		50万亩以上	30万～50万亩	10万～30万亩	5万～10万亩	1万～5万亩	0.2万～1万亩
湖北省	**1127**	**14**	**26**	**64**	**84**	**346**	**593**
武汉市	**127**		**2**	**3**	**2**	**23**	**97**
洪山区	1						1
东西湖区	2			1		1	
汉南区	6					6	
蔡甸区	34			1		7	26
江夏区	30					3	27
黄陂区	40		1	1	1	1	36
新洲区	9		1		1	5	2
化学工业区	3						3
东湖生态旅游风景区	2						2
黄石市	**92**			**2**	**2**	**34**	**54**
西塞山区	4						4
阳新县	58			1		18	39
大冶市	30			1	2	16	11
十堰市	**47**			**1**	**7**	**19**	**20**
郧阳区	4				4		
郧西县	3					2	1
竹山县	4				2	2	
竹溪县	4			1		3	
房县	26					7	19
丹江口市	6				1	5	
宜昌市	**83**	**1**		**3**	**8**	**23**	**48**
点军区	3						3
猇亭区	1						1
夷陵区	3	1				2	
远安县	1				1		
兴山县	13				1	6	6
秭归县	12					9	3
长阳土家族自治县	16					2	14
五峰土家族自治县	6						6
宜都市	8				2	2	4
当阳市	13			3		1	9
枝江市	7				4	1	2

续表

行　政　区	合计	按　规　模　分					
		50万亩以上	30万～50万亩	10万～30万亩	5万～10万亩	1万～5万亩	0.2万～1万亩
襄阳市	**100**	**1**	**4**	**6**	**7**	**38**	**44**
襄城区	17					2	15
襄州区	12			1	2	9	
南漳县	13		1	2		4	6
谷城县	18				2	4	12
保康县	5					5	
老河口市	1	1					
枣阳市	16		3	2	2	9	
宜城市	18			1	1	5	11
鄂州市	**25**			**1**	**3**	**6**	**15**
梁子湖区	15					4	11
华容区	2			1	1		
鄂城区	8				2	2	4
荆门市	**113**	**1**	**4**	**6**	**3**	**31**	**68**
东宝区	9	1				2	6
掇刀区	16						16
京山市	30		2	4		5	19
沙洋县	20				2	10	8
钟祥市	33		2	2	1	11	17
屈家岭管理区	5					3	2
孝感市	**104**		**1**	**12**	**21**	**45**	**25**
孝南区	11			2	3	5	1
孝昌县	10			1	4	4	1
大悟县	14				4	2	8
云梦县	3			1	2		
应城市	28			2	1	18	7
安陆市	8		1	2	2	2	1
汉川市	30			4	5	14	7
荆州市	**55**	**5**	**8**	**13**	**7**	**13**	**9**
荆州区	5		1	1		2	1
公安县	8	1	1	3	2	1	
监利市	9		4	1	2	2	
江陵县	3		2			1	
石首市	10	1		3	1	3	2
洪湖市	3	2		1			
松滋市	17	1		4	2	4	6

续表

行政区	合计	按规模分					
		50万亩以上	30万~50万亩	10万~30万亩	5万~10万亩	1万~5万亩	0.2万~1万亩
黄冈市	**138**	**1**	**3**	**9**	**12**	**50**	**63**
黄冈市	1				1		
黄州区	5					5	
团风县	10			1	1	7	1
红安县	17		1			3	13
罗田县	18					10	8
英山县	10				2	2	6
浠水县	13	1				3	9
蕲春县	25				1	4	20
黄梅县	11			5	5		1
麻城市	23		2	1		15	5
武穴市	5			2	2	1	
咸宁市	**101**		**3**	**4**	**6**	**22**	**66**
咸安区	22		1	1	1	10	9
嘉鱼县	23		1			1	21
通城县	10			1	3	3	3
崇阳县	8			1	1	2	4
通山县	11			1		4	6
赤壁市	27		1		1	2	23
随州市	**48**	**2**	**1**	**1**	**1**	**20**	**23**
曾都区	3	1				2	
随县	19			1		8	10
广水市	26	1	1		1	10	13
恩施土家族苗族自治州	**73**					**13**	**60**
恩施市	4						4
利川市	18					3	15
建始县	15					3	12
巴东县	2					1	1
宣恩县	11					2	9
咸丰县	4						4
来凤县	15					2	13
鹤峰县	4					2	2
省直管	**21**	**3**		**3**	**5**	**9**	**1**
仙桃市	8	1		1	2	3	1
潜江市	5	1		1	1	2	
天门市	8	1		1	2	4	

注 1. 统计设计灌溉面积大于等于2000亩以上的灌区处数。

2. 跨县灌区数量由受益面积较大的县级行政区填报。

主要指标解释

【灌溉面积】灌溉工程设施基本配套，且水源具有一定保证率的可灌溉的面积。按照土地类型，灌溉面积可以分为耕地灌溉面积、林地灌溉面积、园地灌溉面积和牧草地灌溉面积。

耕地是指种植农作物的土地，包括熟地、新开发、复垦、整理地，休闲地（含轮歇地、轮作地）；以种植农作物（含蔬菜）为主，间有零星果树、桑树或其他树木的土地；平均每年能保证收获一季的已垦滩地。耕地中包括宽度小于1米固定的沟、渠、路和地坎（埂）；临时种植药材、草皮、花卉、苗木等的耕地，以及其他临时改变用途的耕地。

【耕地灌溉面积】又称为有效灌溉面积，是指耕地上灌溉工程设施基本配套，且水源具有一定保证率的可以灌溉的面积。

林地是指生长乔木、竹类、灌木、沿海红树林的土地，不包括居民绿化用地，以及铁路、公路、河流沟渠的护路、护草林。林地又分林地、灌木林、疏林地、未成林造林地、迹地和苗圃6个二级地类。

园地指种植以采集果、叶、根茎等为主的集约经营的多年生木本和草本作物，覆盖度大于50%，或每亩株数大于合理株数70%的土地，包括果实苗圃等用地。

牧草地指生长草本植物为主，主要用于畜牧业的土地。

【新增耕地灌溉面积】指由于增加或改善水源、灌溉工程配套设施建设等原因当年增加的耕地灌溉面积。

【节水灌溉工程面积】指采用喷灌、微灌、低压管道输水、渠道衬砌防渗等工程技术措施，提高用水效率和效益的灌溉面积。

喷灌、微灌、低压管道输水、渠道衬砌防渗灌溉面积按照《节水灌溉工程技术规范》（GB/T 50363—2006）的有关规定计算。

【规模以上灌区数量】指设计灌溉面积大于等于2000亩以上的灌区处数。

四、水土保持

SHUI TU BAO CHI

图片来源：坡耕地治理完工照片

4-1　2020—2022年新增水土流失综合治理面积变化

单位：$10^3 hm^2$

行政区划	2020年		2021年		2022年	
	年度新增面积	其中：新增小流域综合治理面积	年度新增面积	其中：新增小流域综合治理面积	年度新增面积	其中：新增小流域综合治理面积
湖北省	**143.48**	**50.87**	**173.15**	**56.84**	**167.17**	**45.83**
武汉市	3.33	0.08	3.37		5.90	
黄石市	4.30	1.34	6.69	2.50	7.10	
十堰市	24.08	10.05	26.53	7.92	24.09	13.24
宜昌市	18.47	7.17	20.14	4.79	20.99	3.92
襄阳市	11.74	5.19	14.28	1.03	15.41	
鄂州市	1.71	1.33	0.54		0.47	
荆门市	12.46	4.11	15.03	6.59	12.23	8.54
孝感市	5.13	1.83	5.69	2.74	5.38	2.70
荆州市	6.38	1.12	4.83	1.18	2.43	1.25
黄冈市	19.60	10.63	21.44	16.98	23.31	10.06
咸宁市	9.08	4.33	12.14	4.85	9.68	3.25
随州市	7.10	2.02	9.19	2.51	8.50	2.88
恩施土家族苗族自治州	18.04		30.43	3.51	29.00	
仙桃市	0.05		0.78	0.78	0.63	
潜江市					0.05	
天门市	0.05		0.07		0.05	
神农架林区	1.96	1.67	2.01	1.46	1.96	

4－2 2022年水土流失综合治理面积

单位：$10^3 hm^2$

行政区	年度新增水土流失综合治理面积							新增小流域综合治理面积
	合计	按措施分						
		梯田	水土保持林	经济林	种草	封禁治理	其他措施	
湖北省	**167.17**	**8.46**	**23.10**	**7.96**	**4.11**	**94.48**	**29.06**	**45.83**
武汉市	**5.90**		**0.69**	**0.05**	**0.19**	**4.90**	**0.07**	
洪山区	0.06		0.02		0.04			
东西湖区	0.07						0.07	
蔡甸区	0.34		0.20		0.14			
江夏区	2.09			0.01		2.08		
黄陂区	1.39		0.43			0.96		
新洲区	1.95		0.04	0.04	0.01	1.86		
黄石市	**7.10**		**1.70**	**0.98**		**4.17**	**0.25**	
西塞山区	2.83			0.02		2.80	0.01	
下陆区	0.08		0.01			0.07		
阳新县	2.93		1.05	0.96		0.85	0.07	
大冶市	1.26		0.64			0.45	0.17	
十堰市	**24.09**	**3.20**	**2.31**	**0.48**	**0.13**	**17.61**	**0.36**	**13.24**
茅箭区	1.14					1.14		1.14
张湾区	1.03		0.13	0.15		0.70	0.05	0.70
郧阳区	4.17	0.01		0.01		4.15		4.15
郧西县	3.44		1.38	0.06	0.13	1.87		2.57
竹山县	3.10	1.85		0.02		1.23		
竹溪县	2.83	1.34		0.20		1.07	0.22	2.83
房县	4.09			0.01		4.07	0.01	0.95
丹江口市	4.29		0.80	0.03		3.38	0.08	0.90
宜昌市	**20.99**	**2.45**	**0.17**	**0.08**	**0.46**	**15.81**	**2.03**	**3.92**
点军区	0.25			0.01	0.03		0.21	
夷陵区	4.84	0.26	0.04			4.54		
远安县	0.87					0.87		
兴山县	1.58	0.04		0.03	0.41	1.10	0.01	
秭归县	2.55		0.01			1.59	0.95	
长阳土家族自治县	3.55	2.13	0.10			1.32		1.33
五峰土家族自治县	1.79	0.02				1.42	0.35	
宜都市	1.70				0.01	1.18	0.51	1.23
当阳市	2.12		0.01	0.02		2.09		1.36

续表

行政区	年度新增水土流失综合治理面积							新增小流域综合治理面积
	合计	按措施分						
		梯田	水土保持林	经济林	种草	封禁治理	其他措施	
枝江市	1.74		0.02	0.01	0.01	1.69	0.01	
襄阳市	**15.41**	**0.11**	**3.47**	**1.11**	**0.44**	**8.95**	**1.35**	
襄城区	0.29			0.01		0.10	0.17	
樊城区	0.13		0.13					
襄州区	0.63		0.21	0.01	0.41			
南漳县	3.07		0.06	0.01	0.02	2.92	0.07	
谷城县	0.90		0.17	0.07		0.66		
保康县	2.79	0.01	0.17	0.08		2.47	0.06	
老河口市	1.75		0.40	0.18		1.17		
枣阳市	3.60	0.10	0.70	0.65	0.01	1.11	1.04	
宜城市	2.25		1.64	0.10		0.51		
鄂州市	**0.47**		**0.19**	**0.09**		**0.19**		
梁子湖区	0.17		0.08	0.09				
华容区	0.08		0.08					
鄂城区	0.22		0.03			0.19		
荆门市	**12.23**	**0.69**	**2.11**	**0.23**		**6.07**	**3.13**	**8.54**
东宝区	2.11	0.02	0.92			1.01	0.16	4.64
掇刀区	1.89		0.06	0.02		1.00	0.81	1.00
京山市	3.80	0.67		0.01		3.12		
沙洋县	0.20			0.20				
钟祥市	4.23		1.13			0.94	2.16	2.90
孝感市	**5.38**		**2.38**	**0.53**	**0.19**	**0.86**	**1.41**	**2.70**
孝南区	0.14		0.07		0.07			
孝昌县	0.40		0.16	0.24				
大悟县	2.98		1.82	0.29		0.86		2.70
应城市	0.13		0.01		0.12			
安陆市	0.38		0.09				0.29	
汉川市	1.35		0.23				1.12	
荆州市	**2.43**		**0.87**	**0.05**	**0.08**	**1.43**		**1.25**
荆州区	0.09		0.02	0.05	0.02			
石首市	0.12		0.12					
洪湖市	0.06				0.06			
松滋市	2.16		0.73			1.43		1.25
黄冈市	**23.31**	**0.12**	**3.31**	**2.43**		**16.90**	**0.56**	**10.06**

续表

行政区	年度新增水土流失综合治理面积							新增小流域综合治理面积
	合计	按措施分						
		梯田	水土保持林	经济林	种草	封禁治理	其他措施	
黄州区	0.07		0.07					
团风县	1.85		0.02	0.03		1.80		1.85
红安县	2.90	0.08	0.31	1.05		1.46		2.72
罗田县	2.62		0.07	0.05		2.50		0.94
英山县	2.17		0.48	0.09		1.60		1.01
浠水县	2.49		0.90	0.33		0.93	0.33	
蕲春县	3.09	0.01	0.68	0.02		2.22	0.16	2.28
黄梅县	1.41		0.05	0.37		0.92	0.07	
麻城市	4.98		0.51	0.36		4.11		1.26
武穴市	1.73	0.03	0.22	0.13		1.36		
咸宁市	**9.68**	**0.40**	**2.71**	**0.95**	**0.11**	**4.55**	**0.96**	**3.25**
咸安区	0.80		0.51	0.17	0.05	0.07		
嘉鱼县	0.27		0.17	0.10				
通城县	2.28	0.38	0.20	0.54	0.06	1.10		1.20
崇阳县	2.38	0.02		0.13		1.41	0.82	1.10
通山县	2.89		0.91	0.01		1.97		0.95
赤壁市	1.06		0.92				0.14	
随州市	**8.50**	**0.35**	**0.71**	**0.81**		**4.80**	**1.83**	**2.88**
曾都区	0.96		0.51	0.45				
随县	4.66			0.01		2.84	1.81	
广水市	2.88	0.35	0.20	0.35		1.96	0.02	2.88
恩施土家族苗族自治州	**29.00**	**1.15**	**2.05**	**0.12**	**2.46**	**6.77**	**16.45**	
恩施市	4.98					1.25	3.73	
利川市	5.21	0.37	1.27		0.06	1.10	2.42	
建始县	4.67		0.13			2.73	1.81	
巴东县	3.61	0.40					3.22	
宣恩县	3.40	0.23	0.19		2.40		0.59	
咸丰县	2.64					0.99	1.65	
来凤县	1.26	0.06					1.20	
鹤峰县	3.22	0.10	0.47	0.12		0.70	1.84	
省直管	**2.69**		**0.44**	**0.05**	**0.05**	**1.48**	**0.67**	
仙桃市	0.63						0.63	
潜江市	0.05		0.05					
天门市	0.05				0.05			
神农架林区	1.96		0.39	0.05		1.48	0.04	

主要指标解释

【水土流失综合治理面积】是指按照综合治理的原则，对水土流失区域采取各种治理措施，以及按小流域综合治理措施所治理的水土流失面积总和。

【小流域综合治理面积】是指综合治理的小流域面积。

【新增水土流失综合治理面积】是指当年治理的水土流失面积。

梯田是指在坡面上沿等高线修建的田面水平平整，纵断面呈台阶状的田块，按其断面形式可分为水平梯田、坡式梯田、隔坡梯田。

水土保持林是指以防治水土流失为主要功能营造的人工林。根据其功能的不同，可分为坡面防护林、沟头防护林、沟底防护林、塬边防护林、护岸林、水库防护林、防风固沙林、海岸防护林等。

经济林是指为利用林木的果实、叶片、皮层、树液等林产品供人食用、或作为工业原料、或作为药材等为主要目的而培育和经营的人工林。

种草是指经人工种植或培育，覆盖度达到70％以上的草地。

封禁治理是指采取禁伐禁砍，实施封育管护等的水土流失治理措施的面积。

其他措施是指通过除上述措施以外的采用其他治理的水土流失方式，包括保土耕作、地埂植物带、改垄等措施。

五、水利建设投资

SHUI LI JIAN SHE TOU ZI

图片来源：鄂北水资源配置工程监理现场

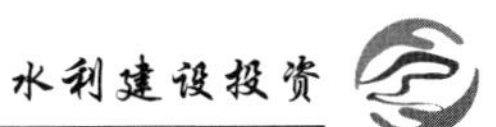

5-1 2022年水利建设项目总体情况

项目类别	项目数量/个	计划总投资/万元	自开工累计安排投资/万元	本年计划投资/万元	自开工累计完成投资/万元	本年完成投资/万元	累计新增固定资产/万元
一、按建设阶段分	**2241**	**18748647.52**	**11764360.74**	**6033636.76**	**10230374.95**	**5975397.08**	**3056265.52**
筹建	2	630.00	630.00	630.00	30.00	30.00	30.00
本年正式施工	1549	15456534.76	9171160.27	5501797.42	7745075.46	5460516.92	2963437.52
本年收尾	9	2011517.55	2007058.13	14465.00	1993731.32	23346.99	33922.00
单纯购置	528	248959.64	247203.64	247203.64	245072.92	245072.92	21649.00
前期工作	153	1031005.57	338308.70	269540.70	246465.25	246430.25	37227.00
二、按建设性质分	**2241**	**18748647.52**	**11764360.74**	**6033636.76**	**10230374.95**	**5975397.08**	**3056265.52**
新建	1022	13696261.06	8480631.44	3633418.33	7415333.11	3509169.28	1955118.17
扩建	38	521760.23	427490.30	329077.87	412333.29	310599.69	75884.92
改建和技术改造	465	3229839.33	2252036.99	1537005.22	1892027.01	1645541.57	961576.43
单纯建造生活设施	6	4367.00	4367.00	4367.00	4367.00	4367.00	
恢复	29	16454.69	14322.67	13024.00	14776.37	14216.37	4810.00
单纯购置	528	248959.64	247203.64	247203.64	245072.92	245072.92	21649.00
前期工作	153	1031005.57	338308.70	269540.70	246465.25	246430.25	37227.00
三、按建设规模分	**2241**	**18748647.52**	**11764360.74**	**6033636.76**	**10230374.95**	**5975397.08**	**3056265.52**
大中型	6	2845047.71	2690129.00	259493.00	2661607.93	274791.48	103000.00
小型	2235	15903599.81	9074231.74	5774143.76	7568767.02	5700605.60	2953265.52
四、按隶属关系分	**2241**	**18748647.52**	**11764360.74**	**6033636.76**	**10230374.95**	**5975397.08**	**3056265.52**
省（区、市）属	46	2792172.93	2825472.00	267963.00	2722931.62	287537.67	31834.89
地（市）属	245	6427321.83	2805802.98	1415557.25	2835645.11	1517416.20	726228.93
县（区、市）属	1950	9529152.76	6133085.76	4350116.51	4671798.22	4170443.21	2298201.70
五、按项目类型分	**2241**	**18748647.52**	**11764360.74**	**6033636.76**	**10230374.95**	**5975397.08**	**3056265.52**
重大水利工程	**28**	**3559347.50**	**3041530.25**	**482806.25**	**2940852.93**	**532160.73**	**281887.00**
防洪减灾工程	5	1039328.71	884410.00	257493.00	871027.93	260711.48	103000.00
水资源配置工程	5	2090433.56	1875050.25	62254.25	1852347.00	74121.25	31167.00

续表

项 目 类 别	项目数量/个	计划总投资/万元	自开工累计安排投资/万元	本年计划投资/万元	自开工累计完成投资/万元	本年完成投资/万元	累计新增固定资产/万元
重大农业节水工程（含大型灌区新建及现代化改造）	18	429585.23	282070.00	163059.00	217478.00	197328.00	147720.00
防洪减灾能力建设（除列入重大工程以外的项目）	**703**	**3800864.22**	**2227653.79**	**1571725.72**	**2074662.69**	**1495737.47**	**1057577.99**
流域面积3000平方公里以上中小河流治理	38	905616.25	621306.08	431923.58	482022.78	298125.50	221960.00
流域面积200～3000平方公里中小河流治理	5	22311.00	20337.00	18800.00	20337.00	18800.00	8500.00
流域面积200平方公里以下中小河流治理	93	780874.36	307265.80	210674.80	230280.62	216585.62	78758.70
区域排涝能力建设	85	1412357.21	693628.11	421154.93	784624.78	477853.00	531073.26
大中型病险水库除险加固	19	200433.94	204797.00	122502.00	183467.00	122632.00	66974.00
小型病险水库除险加固	122	157663.79	130955.99	126058.98	127252.10	124781.76	74421.89
病险水闸除险加固	8	14384.69	8860.00	6382.80	9360.00	5382.80	4320.00
山洪灾害防治	86	23314.68	22551.38	22241.38	20984.73	20984.73	12134.04
城市防洪	3	135829.00	92776.00	92776.00	92776.00	92776.00	20000.00
水毁工程修复和水利救灾	235	133447.30	114990.43	109025.25	113871.68	108130.06	32819.10
水库水质保障工程	1	6600.00	2600.00	2600.00	2600.00	2600.00	2600.00
防汛通信设施等其他防洪减灾项目	8	8032.00	7586.00	7586.00	7086.00	7086.00	4017.00
农村水利建设	**271**	**2426935.70**	**1406763.30**	**1050325.50**	**1211714.34**	**1036117.67**	**618157.85**
农村供水工程	88	1099189.60	710659.40	542007.90	574062.50	517963.58	262747.86
中小型灌区新建及改造（除中央预算内投资外的其他资金安排的项目）	38	103120.80	71905.40	64438.00	69108.00	61987.00	31916.00
水系连通、水美乡村及农村水系综合整治	28	707187.95	288323.08	135866.68	251597.08	156571.68	119749.00
农村河塘清淤整治	27	67892.46	46987.74	46987.74	46987.74	46987.74	35491.16
灌溉排水泵站更新改造	19	136580.68	39405.47	31445.97	40576.81	31361.89	11412.89
小型水源工程	6	117083.27	116783.27	99283.27	99283.27	99283.27	61652.00
农村小水电	6	34000.35	16758.35	16758.35	16758.35	16758.35	14735.35
高效节水和高标准农田建设	4	15120.00	14020.00	11717.00	13620.00	11317.00	7800.00
小型农田水利设施建设	53	143790.59	99743.59	99643.59	97543.59	91710.16	72653.59
其他农村水利建设	2	2970.00	2177.00	2177.00	2177.00	2177.00	

续表

项目类别	项目数量/个	计划总投资/万元	自开工累计安排投资/万元	本年计划投资/万元	自开工累计完成投资/万元	本年完成投资/万元	累计新增固定资产/万元
其他重点水利工程建设	**53**	**1232152.27**	**734110.75**	**521394.75**	**622146.65**	**497698.65**	**286078.41**
新建中型水库	2	50882.00	25000.00	25000.00	25000.00	25000.00	25000.00
新建小型水库	16	134735.37	85948.85	85948.85	76048.85	76048.85	38799.41
城乡供水/水务一体化	30	804121.90	543088.90	330372.90	442024.80	317576.80	195456.00
其他引调水工程	3	216277.00	56250.00	56250.00	56250.00	56250.00	19000.00
其他重点建设	2	26136.00	23823.00	23823.00	22823.00	22823.00	7823.00
水土保持及生态修复工程	**175**	**7002243.54**	**3684398.72**	**1748615.81**	**2749117.34**	**1785327.19**	**640690.67**
水土保持重点工程建设	56	278008.37	58596.19	58596.19	49727.19	49727.19	36305.60
地下水超采综合治理	2	1688.00	1688.00	1688.00	1688.00	1688.00	1688.00
河流综合治理与生态修复（除列入重大工程以外的项目）	78	5227450.14	2941660.07	1322727.16	2011130.69	1364190.54	440968.61
湿地和水源地生态保护	6	739318.00	553300.00	236450.00	558300.00	241450.00	51100.00
其他水土保持及生态修复工程	33	755779.03	129154.46	129154.46	128271.46	128271.46	110628.46
水利工程设施维修养护等	**758**	**202843.97**	**192942.13**	**186074.93**	**181382.43**	**181347.43**	**86803.60**
农村饮水工程设施维修养护	184	45430.82	44962.82	44962.82	44442.64	44442.64	14993.00
小型水库工程设施维修养护	98	17028.86	16032.00	16032.00	15564.60	15564.60	4441.60
山洪灾害防治非工程措施维修养护	101	4120.11	4119.11	4119.11	4119.11	4119.11	739.00
其他水利工程设施维修养护	26	10539.00	10529.00	10129.00	9981.08	9981.08	915.00
农业水价综合改革	58	7174.00	7174.00	7174.00	7174.00	7174.00	1798.00
河湖管护	189	26209.00	26209.00	26209.00	25597.00	25562.00	7407.00
水资源节约与保护	102	92342.18	83916.20	77449.00	74504.00	74504.00	56510.00
行业能力建设	**38**	**28846.80**	**28846.80**	**28846.80**	**27844.80**	**27844.80**	**6844.00**
基础设施建设（含水政监察）	24	18327.80	18327.80	18327.80	18327.80	18327.80	6844.00
水文水资源工程	3	2071.00	2071.00	2071.00	1903.00	1903.00	
前期工作	11	8448.00	8448.00	8448.00	7614.00	7614.00	
水库移民	**182**	**241653.79**	**229523.00**	**228391.00**	**228517.15**	**227533.36**	**63546.00**
三峡后续资金	**33**	**253759.73**	**218592.00**	**215456.00**	**194136.62**	**191629.78**	**14680.00**
六、按所属流域分	**2241**	**18748647.52**	**11764360.74**	**6033636.76**	**10230374.95**	**5975397.08**	**3056265.52**
长江流域	2241	18748647.52	11764360.74	6033636.76	10230374.95	5975397.08	3056265.52

5－2　2022年水利建设

项　目　类　型	本年计划投资	中央政府投资		
		小计	中央预算内投资	中央财政资金
合计	**6033636.76**	**1144395.00**	**376683.00**	**767712.00**
重大水利工程	**482806.25**	**183251.00**	**183251.00**	
防洪减灾工程	257493.00	98493.00	98493.00	
水资源配置工程	62254.25			
重大农业节水工程（含大型灌区新建及现代化改造）	163059.00	84758.00	84758.00	
防洪减灾能力建设（除列入重大工程以外的项目）	**1571725.72**	**374643.00**	**193432.00**	**181211.00**
流域面积3000平方公里以上中小河流治理	431923.58	83403.00	83403.00	
流域面积200～3000平方公里中小河流治理	18800.00	800.00		800.00
流域面积200平方公里以下中小河流治理	210674.80	44028.00		44028.00
区域排涝能力建设	421154.93	57490.00	57490.00	
大中型病险水库除险加固	122502.00	52539.00	52539.00	
小型病险水库除险加固	126058.98	34832.00		34832.00
病险水闸除险加固	6382.80			
山洪灾害防治	22241.38	8951.00		8951.00
防汛通信设施等其他防洪减灾项目	7586.00			
城市防洪	92776.00			
水毁工程修复和水利救灾	109025.25	92600.00		92600.00
水库水质保障工程	2600.00			
农村水利建设	**1050325.50**	**71998.00**		**71998.00**
农村供水工程	542007.90			
中小型灌区新建及改造（除中央预算内投资外的其他资金安排的项目）	64438.00	51998.00		51998.00
水系连通、水美乡村及农村水系综合整治	135866.68	20000.00		20000.00
农村河塘清淤整治	46987.74			
灌溉排水泵站更新改造	31445.97			
小型水源工程	99283.27			
农村小水电	16758.35			
其他农村水利建设	2177.00			
高效节水和高标准农田建设	11717.00			
小型农田水利设施建设	99643.59			
其他重点水利工程建设	**521394.75**	**27000.00**		**27000.00**
新建中型水库	25000.00			
新建小型水库	85948.85	27000.00		27000.00
城乡供水/水务一体化	330372.90			
其他重点建设	23823.00			
其他引调水工程	56250.00			
水土保持及生态修复工程	**1748615.81**	**17666.00**		**17666.00**
水土保持重点工程建设	58596.19	17666.00		17666.00
地下水超采综合治理	1688.00			
河流综合治理与生态修复（除列入重大工程以外的项目）	1322727.16			
其他水土保持及生态修复工程	129154.46			
湿地和水源地生态保护	236450.00			
水利工程设施维修养护等	**186074.93**	**36256.00**		**36256.00**
农村饮水工程设施维修养护	44962.82	13500.00		13500.00
小型水库工程设施维修养护	16032.00	12188.00		12188.00
山洪灾害防治非工程措施维修养护	4119.11	1798.00		1798.00
其他水利工程设施维修养护	10129.00			
农业水价综合改革	7174.00	6111.00		6111.00
河湖管护	26209.00			
水资源节约与保护	77449.00	2659.00		2659.00
行业能力建设	**28846.80**			
基础设施建设（含水政监察）	18327.80			
水文水资源工程	2071.00			
前期工作	8448.00			
水库移民	**228391.00**	**222862.00**		**222862.00**
三峡后续资金	**215456.00**	**210719.00**		**210719.00**

项目计划投资（按项目类型分）

单位：万元

地方政府投资				企业和私人投资	国内贷款	债券	其他投资
小计	省级政府投资	地市级政府投资	县级政府投资				
3087998.79	**336941.00**	**1183578.34**	**1567479.45**	**746495.22**	**939502.15**	**115244.80**	**0.80**
245555.25	**129930.00**	**75351.00**	**40274.25**		**54000.00**		
105000.00	85050.00	8400.00	11550.00		54000.00		
62254.25	4000.00	43480.00	14774.25				
78301.00	40880.00	23471.00	13950.00				
890672.36	**104426.00**	**246311.11**	**539935.25**	**90169.28**	**207028.28**	**9212.80**	
161063.58	31666.00	23400.27	105997.31		187457.00		
11000.00		8000.00	3000.00		5000.00	2000.00	
101692.00	15340.00	16779.00	69573.00	61249.28	3309.60	395.92	
338615.93	17867.00	109320.19	211428.74	13900.00	8532.00	2617.00	
53963.00	28217.00	1594.00	24152.00	15000.00		1000.00	
86928.10		4128.00	82800.10		1099.00	3199.88	
5982.80		580.00	5402.80		400.00		
12739.70		6054.50	6685.20	20.00	530.68		
6886.00	75.00	98.00	6713.00		700.00		
92776.00		72000.00	20776.00				
16425.25	11261.00	1757.15	3407.10				
2600.00		2600.00					
598694.09	**27210.00**	**62767.38**	**508716.71**	**177857.00**	**173176.41**	**28600.00**	
299729.46		37602.38	262127.08	107851.00	124027.44	10400.00	
9538.00	2000.00		7538.00		2702.00	200.00	
62250.68		7500.00	54750.68	13350.00	40266.00		
46987.74	700.00	105.00	46182.74				
31265.00		17560.00	13705.00		180.97		
41283.27			41283.27	40000.00		18000.00	
3202.35			3202.35	13556.00			
2177.00			2177.00				
11717.00			11717.00				
90543.59	24510.00		66033.59	3100.00	6000.00		
253459.75	**1650.00**	**32481.74**	**219328.01**	**63974.00**	**105729.00**	**71232.00**	
				25000.00			
31969.85		8523.85	23446.00	7800.00	19179.00		
167666.90	1650.00	23957.89	142059.01	31174.00	60300.00	71232.00	
23823.00			23823.00				
30000.00			30000.00		26250.00		
962527.41		**746490.11**	**216037.30**	**413289.94**	**348932.46**	**6200.00**	
2261.19		233.85	2027.34	8869.00	29800.00		
1688.00			1688.00				
616861.92		415455.62	201406.30	386271.24	313394.00	6200.00	
105266.30		100450.64	4815.66	18149.70	5738.46		
236450.00		230350.00	6100.00				
99923.13	**66957.00**	**12480.00**	**20486.13**	**1205.00**	**48690.00**		**0.80**
31462.82	28112.00	976.00	2374.82				
3844.00		974.00	2870.00				
2320.31			2320.31				0.80
10129.00	157.00	3443.00	6529.00				
973.00	308.00	150.00	515.00		90.00		
25004.00	13000.00	6617.00	5387.00	1205.00			
26190.00	25380.00	320.00	490.00		48600.00		
26900.80	**6768.00**	**7697.00**	**12435.80**		**1946.00**		
16381.80	1000.00	5657.00	9724.80		1946.00		
2071.00	768.00		1303.00				
8448.00	5000.00	2040.00	1408.00				
5529.00			**5529.00**				
4737.00			**4737.00**				

5-3 2022年水利建设

行政区	本年计划投资	中央政府投资		
		小计	中央预算内投资	中央财政资金
湖北省	**6033636.76**	**1144395.00**	**376683.00**	**767712.00**
武汉市	**800277.58**	**57731.00**	**42576.00**	**15155.00**
市辖区	618207.00	40730.00	39200.00	1530.00
东西湖区	13330.00	2.00		2.00
汉南区	45596.50	1.00		1.00
蔡甸区	44598.73	1727.00	690.00	1037.00
江夏区	28262.17	2532.00		2532.00
黄陂区	13875.00	9828.00	2686.00	7142.00
新洲区	20351.18	2854.00		2854.00
东湖新技术开发区	16057.00	57.00		57.00
黄石市	**265750.80**	**31962.00**	**13502.00**	**18460.00**
市辖区	98019.00	906.00		906.00
西塞山区	1000.00	1000.00		1000.00
阳新县	93924.80	24041.00	10622.00	13419.00
大冶市	72807.00	6015.00	2880.00	3135.00
十堰市	**402297.80**	**92837.00**		**92837.00**
市辖区	114854.00	4998.00		4998.00
茅箭区	1896.80	896.00		896.00
张湾区	2421.00	748.00		748.00
郧阳区	43542.80	24759.00		24759.00
郧西县	44246.00	6522.00		6522.00
竹山县	17235.00	8956.00		8956.00
竹溪县	61024.00	7166.00		7166.00
房县	30495.20	10155.00		10155.00
丹江口市	86583.00	28637.00		28637.00
宜昌市	**759416.00**	**201522.00**	**14534.00**	**186988.00**
市辖区	127373.22	13602.00	7764.00	5838.00
西陵区	11.00	11.00		11.00
伍家岗区	2639.00	11.00		11.00
点军区	7016.00	3707.00		3707.00
猇亭区	1148.00	467.00		467.00
夷陵区	52897.00	19287.00		19287.00
远安县	13703.37	2582.00		2582.00
兴山县	52010.15	21633.00		21633.00
秭归县	84752.00	77339.00		77339.00
长阳土家族自治县	34993.00	8373.00		8373.00
五峰土家族自治县	45859.58	2399.00		2399.00
宜都市	92340.00	4385.00	1480.00	2905.00
当阳市	195868.00	21347.00	5290.00	16057.00
枝江市	48805.68	26379.00		26379.00

项目计划投资（按市县分）

单位：万元

地方政府投资				企业和私人投资	国内贷款	债券	其他投资
小计	省级政府投资	地市级政府投资	县级政府投资				
3087998.79	**336941.00**	**1183578.34**	**1567479.45**	**746495.22**	**939502.15**	**115244.80**	**0.80**
529246.58	**22872.00**	**440655.37**	**65719.21**	**28500.00**	**184800.00**		
392677.00	12267.00	380410.00			184800.00		
13328.00	100.00	283.00	12945.00				
33095.50		32614.50	481.00	12500.00			
42871.73	1921.00	14987.49	25963.24				
25730.17	4265.00	5650.38	15814.79				
4047.00	3151.00	896.00					
17497.18	1168.00	5814.00	10515.18				
				16000.00			
143988.80	**10040.00**	**91280.00**	**42668.80**		**89800.00**		
91113.00	2513.00	88600.00			6000.00		
40383.80	6550.00	2680.00	31153.80		29500.00		
12492.00	977.00		11515.00		54300.00		
199546.00	**12049.00**	**106821.00**	**80676.00**	**59163.00**	**49744.20**	**1006.80**	**0.80**
109856.00	3110.00	106716.00	30.00				
822.00	822.00				178.00		0.80
1673.00	324.00		1349.00				
1183.00	1183.00				16594.00	1006.80	
6448.00	557.00		5891.00	31276.00			
8279.00	1574.00	105.00	6600.00				
5602.00	961.00		4641.00	16900.00	31356.00		
7737.00	1929.00		5808.00	10987.00	1616.20		
57946.00	1589.00		56357.00				
38693.68	**20052.00**	**768.00**	**17873.68**	**274652.50**	**219838.82**	**24709.00**	
9030.00	9030.00			104741.22			
2628.00			2628.00				
3309.00			3309.00				
372.00			372.00			309.00	
3610.00	2110.00		1500.00		30000.00		
5192.68	600.00	70.00	4522.68		4928.69	1000.00	
1014.00	1014.00			24249.70	5113.45		
547.00	547.00				6866.00		
1851.00	1851.00			21369.00		3400.00	
1968.00	368.00		1600.00	38692.58	2800.00		
355.00	355.00			85600.00		2000.00	
6921.00	2281.00	698.00	3942.00		149600.00	18000.00	
1896.00	1896.00				20530.68		

行　政　区	本年计划投资	中央政府投资		
		小　计	中央预算内投资	中央财政资金
襄阳市	**552282.22**	**79513.00**	**24430.00**	**55083.00**
市辖区	179120.38	25338.00	21310.00	4028.00
襄城区	4259.60	52.00		52.00
樊城区	4616.50	195.00		195.00
襄州区	74130.98	7388.00		7388.00
南漳县	115285.76	2724.00		2724.00
谷城县	16968.00	3435.00		3435.00
保康县	58819.00	5682.00		5682.00
老河口市	44313.00	6232.00		6232.00
枣阳市	34145.00	20104.00	3120.00	16984.00
宜城市	20624.00	8363.00		8363.00
鄂州市	**68150.00**	**2073.00**		**2073.00**
市辖区	63798.00	1761.00		1761.00
梁子湖区	161.00	161.00		161.00
华容区	4118.00	78.00		78.00
鄂城区	73.00	73.00		73.00
荆门市	**380889.17**	**66770.00**	**23000.00**	**43770.00**
市辖区	21662.00	5492.00		5492.00
东宝区	5455.00	3149.00		3149.00
屈家岭管理区	1025.00	61.00		61.00
掇刀区	2605.00	450.00		450.00
京山市	111827.00	15516.00	3020.00	12496.00
沙洋县	100048.17	7468.00	1000.00	6468.00
钟祥市	138267.00	34634.00	18980.00	15654.00
孝感市	**409139.59**	**39634.00**	**12221.00**	**27413.00**
市辖区	177669.00	7311.00	6996.00	315.00
孝南区	21977.00	4889.00		4889.00
孝昌县	10960.00	4818.00		4818.00
大悟县	25773.42	7559.00		7559.00
云梦县	11780.00	2087.00		2087.00
应城市	40476.78	4461.00	1650.00	2811.00
安陆市	32113.39	1926.00		1926.00
汉川市	88390.00	6583.00	3575.00	3008.00
荆州市	**322727.39**	**78859.00**	**20681.00**	**58178.00**
市辖区	33827.00	27886.00	2326.00	25560.00
沙市区	394.39	346.00		346.00
荆州区	8163.00	4917.00		4917.00
公安县	13692.00	6557.00	2640.00	3917.00
监利市	42740.00	6962.00	3250.00	3712.00
江陵县	14330.00	10594.00	7000.00	3594.00
石首市	27122.00	6408.00	1565.00	4843.00
洪湖市	133006.00	5144.00	3900.00	1244.00
松滋市	49453.00	10045.00		10045.00

续表

地方政府投资				企业和私人投资	国内贷款	债券	其他投资
小计	省级政府投资	地市级政府投资	县级政府投资				
390852.17	**17180.00**	**146154.38**	**227517.79**	**40290.92**	**41626.13**		
153782.38	7628.00	146154.38					
4207.60	30.00		4177.60				
4421.50	130.00		4291.50				
63238.60	1100.00		62138.60	3042.92	461.46		
70171.09	1586.00		68585.09	37248.00	5142.67		
7556.00	1337.00		6219.00		5977.00		
53137.00	1395.00		51742.00				
8036.00	836.00		7200.00		30045.00		
14041.00	1053.00		12988.00				
12261.00	2085.00		10176.00				
52977.00	**3247.00**	**49690.00**	**40.00**	**13100.00**			
52037.00	2347.00	49690.00		10000.00			
940.00	900.00		40.00	3100.00			
127030.17	**15488.00**	**31084.00**	**80458.17**	**35000.00**	**151089.00**	**1000.00**	
10970.00	2876.00	5084.00	3010.00		5200.00		
2306.00	382.00		1924.00				
964.00	72.00		892.00				
2155.00	140.00		2015.00				
27311.00	4297.00	6000.00	17014.00	30000.00	39000.00		
20048.17	1145.00		18903.17		71532.00	1000.00	
63276.00	6576.00	20000.00	36700.00	5000.00	35357.00		
204411.81	**14947.00**	**121800.00**	**67664.81**	**113796.78**	**35000.00**	**16297.00**	
97358.00	861.00	90000.00	6497.00	73000.00			
9271.00	1145.00		8126.00			7817.00	
6142.00	1042.00		5100.00				
3734.42	2744.00		990.42		11000.00	3480.00	
9693.00	693.00		9000.00				
6219.00	669.00		5550.00	796.78	24000.00	5000.00	
30187.39	643.00		29544.39				
41807.00	7150.00	31800.00	2857.00	40000.00			
243868.39	**23009.00**	**135095.00**	**85764.39**				
5941.00	2446.00	3495.00					
48.39	30.00		18.39				
3246.00	1894.00		1352.00				
7135.00	1058.00		6077.00				
35778.00	4032.00		31746.00				
3736.00	3526.00		210.00				
20714.00	3511.00		17203.00				
127862.00	4786.00	121976.00	1100.00				
39408.00	1726.00	9624.00	28058.00				

行政区	本年计划投资	中央政府投资		
		小计	中央预算内投资	中央财政资金
黄冈市	**742806.51**	**165554.00**	**95182.00**	**70372.00**
市辖区	77698.27	19647.00	19413.00	234.00
黄州区	17066.79	2944.00		2944.00
团风县	59605.00	14999.00	9514.00	5485.00
红安县	53911.00	7148.00		7148.00
罗田县	25950.00	8257.00		8257.00
英山县	28524.00	9139.00		9139.00
浠水县	104151.00	11604.00	6578.00	5026.00
蕲春县	89462.00	27644.00	21000.00	6644.00
黄梅县	75511.01	27109.00	21500.00	5609.00
麻城市	115265.44	26109.00	10817.00	15292.00
武穴市	93750.00	10304.00	5760.00	4544.00
龙感湖管理区	1912.00	650.00	600.00	50.00
咸宁市	**208559.57**	**43826.00**	**6400.00**	**37426.00**
市辖区	22340.62	91.00		91.00
咸安区	21016.00	3731.00		3731.00
嘉鱼县	26600.35	3166.00	560.00	2606.00
通城县	24308.00	3520.00		3520.00
崇阳县	37024.60	7839.00		7839.00
通山县	43648.00	18838.00	5000.00	13838.00
赤壁市	33622.00	6641.00	840.00	5801.00
随州市	**87443.55**	**24566.00**		**24566.00**
市辖区	3521.00	700.00		700.00
曾都区	12021.25	3360.00		3360.00
随县	35173.30	10354.00		10354.00
广水市	36728.00	10152.00		10152.00
恩施土家族苗族自治州	**190736.86**	**89834.00**		**89834.00**
恩施市	21370.00	4823.00		4823.00
利川市	9350.90	4558.00		4558.00
建始县	17953.00	14023.00		14023.00
巴东县	58223.00	52423.00		52423.00
宣恩县	8140.00	5157.00		5157.00
咸丰县	45244.00	3085.00		3085.00
来凤县	14921.66	2910.00		2910.00
鹤峰县	14846.30	2710.00		2710.00
州直	688.00	145.00		145.00
省直管	**843159.72**	**169714.00**	**124157.00**	**45557.00**
仙桃市	199493.00	46312.00	40052.00	6260.00
潜江市	151156.02	18740.00	14068.00	4672.00
天门市	200630.00	7963.00	1920.00	6043.00
厅直单位	280578.00	92905.00	68117.00	24788.00
神农架林区	11302.70	3794.00		3794.00

续表

地方政府投资				企业和私人投资	国内贷款	债券	其他投资
小计	省级政府投资	地市级政府投资	县级政府投资				
534535.51	**25851.00**	**29172.27**	**479512.24**	**28603.00**	**14114.00**		
58051.27	3259.00	26792.27	28000.00				
14122.79	269.00		13853.79				
41306.00	1095.00	180.00	40031.00		3300.00		
33160.00	3940.00		29220.00	13603.00			
2693.00	710.00		1983.00	15000.00			
8571.00	748.00		7823.00		10814.00		
92547.00	2063.00	2200.00	88284.00				
61818.00	4060.00		57758.00				
48402.01	3500.00		44902.01				
89156.44	3151.00		86005.44				
83446.00	3056.00		80390.00				
1262.00			1262.00				
116433.57	**10597.00**	**21997.62**	**83838.95**	**16310.00**	**31990.00**		
22249.62	252.00	21997.62					
17195.00	1356.00		15839.00		90.00		
23434.35	1110.00		22324.35				
15088.00	779.00		14309.00		5700.00		
9185.60	2214.00		6971.60		20000.00		
7300.00	3125.00		4175.00	11310.00	6200.00		
21981.00	1761.00		20220.00	5000.00			
59177.55	**4808.00**	**1965.00**	**52404.55**		**3700.00**		
2821.00	856.00	1965.00					
8661.25	887.00		7774.25				
24819.30	1189.00		23630.30				
22876.00	1876.00		21000.00		3700.00		
55082.86	**6078.00**	**742.00**	**48262.86**	**2020.00**	**43800.00**		
16547.00	1295.00	98.00	15154.00				
4792.90	1127.00	79.00	3586.90				
3930.00	558.00	72.00	3300.00				
5800.00	778.00	73.00	4949.00				
963.00	392.00	44.00	527.00	2020.00			
9659.00	445.00	54.00	9160.00		32500.00		
711.66	612.00	43.00	56.66		11300.00		
12136.30	568.00	39.00	11529.30				
543.00	303.00	240.00					
392154.70	**150723.00**	**6353.70**	**235078.00**	**135059.02**	**74000.00**	**72232.00**	
152181.00	19416.00		132765.00			1000.00	
45899.00	7515.00		38384.00	15285.02		71232.00	
52893.00	2464.00		50429.00	119774.00	20000.00		
133673.00	120023.00	150.00	13500.00		54000.00		
7508.70	1305.00	6203.70					

5-4 2020—2022年水利建设

行 政 区	2020年水利建设项目投资计划		
	合计	中央政府投资	地方政府投资
湖北省	**3275930.54**	**734229.00**	**2541701.54**
武汉市	890954.50	20635.00	870319.50
黄石市	52745.72	12694.00	40051.72
十堰市	187892.00	51353.00	136539.00
宜昌市	168870.00	99381.00	69489.00
襄阳市	236365.39	29943.00	206422.39
鄂州市	121553.00	6656.00	114897.00
荆门市	196490.00	58878.00	137612.00
孝感市	196598.00	64920.00	131678.00
荆州市	241390.78	108224.00	133166.78
黄冈市	349192.90	90170.00	259022.90
咸宁市	82737.30	23446.00	59291.30
随州市	78975.00	11033.00	67942.00
恩施土家族苗族自治州	118668.46	60596.00	58072.46
仙桃市	55212.00	7843.00	47369.00
潜江市	35139.49	5672.00	29467.49
天门市	44153.00	3364.00	40789.00
神农架林区	6389.00	5909.00	480.00
厅直单位	212604.00	73512.00	139092.00

项目计划投资（按地市分）

单位：万元

2021年水利建设项目投资计划			2022年水利建设项目投资计划		
合计	中央政府投资	地方政府投资	合计	中央政府投资	地方政府投资
4457505.83	**1200760.00**	**3256745.83**	**6033636.76**	**1144395.00**	**4889241.76**
717289.08	49145.00	668144.08	800277.58	57731.00	742546.58
123146.45	29894.00	93252.45	265750.80	31962.00	233788.80
279578.67	117156.00	162422.67	402297.80	92837.00	309460.80
614942.30	208269.00	406673.30	759416.00	201522.00	557894.00
455016.00	64632.00	390384.00	552282.22	79513.00	472769.22
83032.00	1221.00	81811.00	68150.00	2073.00	66077.00
269254.44	95978.00	173276.44	380889.17	66770.00	314119.17
178212.00	56847.00	121365.00	409139.59	39634.00	369505.59
213740.80	95674.00	118066.80	322727.39	78859.00	243868.39
619490.12	148640.00	470850.12	742806.51	165554.00	577252.51
143182.34	61140.00	82042.34	208559.57	43826.00	164733.57
113442.00	25856.00	87586.00	87443.55	24566.00	62877.55
120769.63	90536.00	30233.63	190736.86	89834.00	100902.86
109060.00	40872.00	68188.00	199493.00	46312.00	153181.00
66947.00	11788.00	55159.00	151156.02	18740.00	132416.02
69943.00	6838.00	63105.00	200630.00	7963.00	192667.00
3503.00	3126.00	377.00	11302.70	3794.00	7508.70
276957.00	93148.00	183809.00	280578.00	92905.00	187673.00

5－5　2022年水利建设

项　目　类　型	本年到位投资	中央政府投资		
		小　计	中央预算内投资	中央财政资金
合计	**6005012.42**	**1149715.00**	**382033.00**	**767682.00**
重大水利工程	**501656.25**	**190251.00**	**190251.00**	
防洪减灾工程	269343.00	98493.00	98493.00	
水资源配置工程	62254.25			
重大农业节水工程（含大型灌区新建及现代化改造）	170059.00	91758.00	91758.00	
防洪减灾能力建设（除列入重大工程以外的项目）	**1530325.66**	**372963.00**	**191782.00**	**181181.00**
流域面积3000平方公里以上中小河流治理	424403.77	83403.00	83403.00	
流域面积200～3000平方公里中小河流治理	18800.00	800.00		800.00
流域面积200平方公里以下中小河流治理	209843.50	44028.00		44028.00
区域排涝能力建设	402240.21	55840.00	55840.00	
大中型病险水库除险加固	114413.00	52539.00	52539.00	
小型病险水库除险加固	121331.23	34832.00		34832.00
病险水闸除险加固	6382.80			
山洪灾害防治	21468.90	8951.00		8951.00
防汛通信设施等其他防洪减灾项目	7586.00			
城市防洪	92776.00			
水毁工程修复和水利救灾	108480.25	92570.00		92570.00
水库水质保障工程	2600.00			
农村水利建设	**1064415.70**	**71998.00**		**71998.00**
农村供水工程	554345.78			
中小型灌区新建及改造（除中央预算内投资外的其他资金安排的项目）	64438.00	51998.00		51998.00
水系连通、水美乡村及农村水系综合整治	138319.00	20000.00		20000.00
农村河塘清淤整治	46987.74			
灌溉排水泵站更新改造	30945.97			
小型水源工程	99283.27			

项目到位投资（按项目类型分）

单位：万元

地方政府投资				企业和私人投资	国内贷款	债券	其他投资
小计	省级政府投资	地市级政府投资	县级政府投资				
3056949.97	**325819.00**	**1211331.09**	**1519799.88**	**721966.72**	**962135.13**	**114244.80**	**0.80**
257405.25	**138180.00**	**78951.00**	**40274.25**		**54000.00**		
116850.00	93300.00	12000.00	11550.00		54000.00		
62254.25	4000.00	43480.00	14774.25				
78301.00	40880.00	23471.00	13950.00				
852414.28	**85054.00**	**246168.51**	**521191.77**	**89719.58**	**206016.00**	**9212.80**	
153543.77	22666.00	25667.27	105210.50		187457.00		
11000.00		8000.00	3000.00		5000.00	2000.00	
101792.00	15340.00	16779.00	69673.00	60799.58	2828.00	395.92	
321351.21	15584.00	106910.59	198856.62	13900.00	8532.00	2617.00	
45874.00	20128.00	1594.00	24152.00	15000.00		1000.00	
82200.35		4128.00	78072.35		1099.00	3199.88	
5982.80		580.00	5402.80		400.00		
12497.90		6054.50	6443.40	20.00			
6886.00	75.00	98.00	6713.00		700.00		
92776.00		72000.00	20776.00				
15910.25	11261.00	1757.15	2892.10				
2600.00		2600.00					
592139.03	**27210.00**	**70974.62**	**493954.41**	**180857.00**	**191821.67**	**27600.00**	
289892.08		37809.62	252082.46	110851.00	144202.70	9400.00	
9538.00	2000.00		7538.00		2702.00	200.00	
66233.00		15500.00	50733.00	13350.00	38736.00		
46987.74	700.00	105.00	46182.74				
30765.00		17560.00	13205.00		180.97		
41283.27			41283.27	40000.00		18000.00	

项 目 类 型	本年到位投资	中央政府投资		
		小 计	中央预算内投资	中央财政资金
农村小水电	16758.35			
其他农村水利建设	2177.00			
高效节水和高标准农田建设	11517.00			
小型农田水利设施建设	99643.59			
其他重点水利工程建设	**490748.65**	**27000.00**		**27000.00**
新建中型水库	25000.00			
新建小型水库	78148.85	27000.00		27000.00
城乡供水/水务一体化	307526.80			
其他重点建设	23823.00			
其他引调水工程	56250.00			
水土保持及生态修复工程	**1758245.01**	**17666.00**		**17666.00**
水土保持重点工程建设	58596.19	17666.00		17666.00
地下水超采综合治理	1688.00			
河流综合治理与生态修复（除列入重大工程以外的项目）	1327681.36			
其他水土保持及生态修复工程	128829.46			
湿地和水源地生态保护	241450.00			
水利工程设施维修养护等	**188202.35**	**36256.00**		**36256.00**
农村饮水工程设施维修养护	44210.64	13500.00		13500.00
小型水库工程设施维修养护	14827.60	12188.00		12188.00
山洪灾害防治非工程措施维修养护	4107.11	1798.00		1798.00
其他水利工程设施维修养护	9929.00			
农业水价综合改革	7174.00	6111.00		6111.00
河湖管护	25625.00			
水资源节约与保护	82329.00	2659.00		2659.00
行业能力建设	**27571.80**			
基础设施建设（含水政监察）	17886.80			
水文水资源工程	2071.00			
前期工作	7614.00			
水库移民	**228391.00**	**222862.00**		**222862.00**
三峡后续资金	**215456.00**	**210719.00**		**210719.00**

续表

地方政府投资				企业和私人投资	国内贷款	债券	其他投资
小计	省级政府投资	地市级政府投资	县级政府投资				
3202.35			3202.35	13556.00			
2177.00			2177.00				
11517.00			11517.00				
90543.59	24510.00		66033.59	3100.00	6000.00		
232413.65	**1650.00**	**21123.85**	**209639.80**	**54374.00**	**105729.00**	**71232.00**	
				25000.00			
31969.85		8523.85	23446.00		19179.00		
146620.80	1650.00	12600.00	132370.80	29374.00	60300.00	71232.00	
23823.00			23823.00				
30000.00			30000.00		26250.00		
989635.41		**775490.11**	**214145.30**	**395811.14**	**348932.46**	**6200.00**	
2261.19		233.85	2027.34	8869.00	29800.00		
1688.00			1688.00				
639294.92		439455.62	199839.30	368792.44	313394.00	6200.00	
104941.30		100450.64	4490.66	18149.70	5738.46		
241450.00		235350.00	6100.00				
97050.55	**66957.00**	**11760.00**	**18333.55**	**1205.00**	**53690.00**		**0.80**
30710.64	28112.00	976.00	1622.64				
2639.60		974.00	1665.60				
2308.31			2308.31				0.80
9929.00	157.00	3243.00	6529.00				
973.00	308.00	150.00	515.00		90.00		
24420.00	13000.00	6217.00	5203.00	1205.00			
26070.00	25380.00	200.00	490.00		53600.00		
25625.80	**6768.00**	**6863.00**	**11994.80**		**1946.00**		
15940.80	1000.00	5657.00	9283.80		1946.00		
2071.00	768.00		1303.00				
7614.00	5000.00	1206.00	1408.00				
5529.00			**5529.00**				
4737.00			**4737.00**				

5-6 2022年水利建设

项目类型	本年到位投资	中央政府投资		
		小计	中央预算内投资	中央财政资金
湖北省	**6005012.42**	**1149715.00**	**382033.00**	**767682.00**
武汉市	**801531.19**	**57731.00**	**42576.00**	**15155.00**
市辖区	659057.00	40730.00	39200.00	1530.00
东西湖区	11998.00	2.00		2.00
汉南区	45596.50	1.00		1.00
蔡甸区	11105.20	1727.00	690.00	1037.00
江夏区	24697.49	2532.00		2532.00
黄陂区	13875.00	9828.00	2686.00	7142.00
新洲区	19145.00	2854.00		2854.00
东湖新技术开发区	16057.00	57.00		57.00
黄石市	**265750.80**	**31962.00**	**13502.00**	**18460.00**
市辖区	98019.00	906.00		906.00
西塞山区	1000.00	1000.00		1000.00
阳新县	93924.80	24041.00	10622.00	13419.00
大冶市	72807.00	6015.00	2880.00	3135.00
十堰市	**396931.60**	**92837.00**		**92837.00**
市辖区	114854.00	4998.00		4998.00
茅箭区	1896.80	896.00		896.00
张湾区	2421.00	748.00		748.00
郧阳区	43542.80	24759.00		24759.00
郧西县	44246.00	6522.00		6522.00
竹山县	11835.00	8956.00		8956.00
竹溪县	61024.00	7166.00		7166.00
房县	30529.00	10155.00		10155.00
丹江口市	86583.00	28637.00		28637.00
宜昌市	**759416.00**	**201522.00**	**14534.00**	**186988.00**
市辖区	115894.42	13602.00	7764.00	5838.00
西陵区	11.00	11.00		11.00
伍家岗区	2639.00	11.00		11.00
点军区	4163.00	3707.00		3707.00
猇亭区	1148.00	467.00		467.00
夷陵区	57897.00	19287.00		19287.00
远安县	26459.00	2582.00		2582.00
兴山县	43647.00	21633.00		21633.00
秭归县	83222.00	77339.00		77339.00
长阳土家族自治县	34993.00	8373.00		8373.00
五峰土家族自治县	45859.58	2399.00		2399.00
宜都市	92340.00	4385.00	1480.00	2905.00
当阳市	200868.00	21347.00	5290.00	16057.00
枝江市	50275.00	26379.00		26379.00

项目到位投资（按市县分）

单位：万元

地方政府投资				企业和私人投资	国内贷款	债券	其他投资
小计	省级政府投资	地市级政府投资	县级政府投资				
3056949.97	**325819.00**	**1211331.09**	**1519799.88**	**721966.72**	**962135.13**	**114244.80**	**0.80**
530500.19	**30162.00**	**461375.12**	**38963.07**	**28500.00**	**184800.00**		
433527.00	20517.00	413010.00			184800.00		
11996.00	100.00	283.00	11613.00				
33095.50		32614.50	481.00	12500.00			
9378.20	961.00	3100.00	5317.20				
22165.49	4265.00	5657.62	12242.87				
4047.00	3151.00	896.00					
16291.00	1168.00	5814.00	9309.00				
				16000.00			
143988.80	**10040.00**	**91280.00**	**42668.80**		**89800.00**		
91113.00	2513.00	88600.00			6000.00		
40383.80	6550.00	2680.00	31153.80		29500.00		
12492.00	977.00		11515.00		54300.00		
194146.00	**12049.00**	**106821.00**	**75276.00**	**59163.00**	**49778.00**	**1006.80**	**0.80**
109856.00	3110.00	106716.00	30.00				
822.00	822.00				178.00		0.80
1673.00	324.00		1349.00				
1183.00	1183.00				16594.00	1006.80	
6448.00	557.00		5891.00	31276.00			
2879.00	1574.00	105.00	1200.00				
5602.00	961.00		4641.00	16900.00	31356.00		
7737.00	1929.00		5808.00	10987.00	1650.00		
57946.00	1589.00		56357.00				
39823.00	**20052.00**	**8768.00**	**11003.00**	**251924.00**	**242438.00**	**23709.00**	
17030.00	9030.00	8000.00		85262.42			
2628.00			2628.00				
456.00			456.00				
372.00			372.00			309.00	
3610.00	2110.00		1500.00		35000.00		
1175.00	600.00	70.00	505.00		22702.00		
1014.00	1014.00			21000.00			
547.00	547.00				5336.00		
1851.00	1851.00			21369.00		3400.00	
1968.00	368.00		1600.00	38692.58	2800.00		
355.00	355.00			85600.00		2000.00	
6921.00	2281.00	698.00	3942.00		154600.00	18000.00	
1896.00	1896.00				22000.00		

项　目　类　型	本年到位投资	中央政府投资		
		小　计	中央预算内投资	中央财政资金
襄阳市	**552282.22**	**79513.00**	**24430.00**	**55083.00**
市辖区	179120.38	25338.00	21310.00	4028.00
襄城区	4259.60	52.00		52.00
樊城区	4616.50	195.00		195.00
襄州区	74130.98	7388.00		7388.00
南漳县	115285.76	2724.00		2724.00
谷城县	16968.00	3435.00		3435.00
保康县	58819.00	5682.00		5682.00
老河口市	44313.00	6232.00		6232.00
枣阳市	34145.00	20104.00	3120.00	16984.00
宜城市	20624.00	8363.00		8363.00
鄂州市	**63116.00**	**2073.00**		**2073.00**
市辖区	58764.00	1761.00		1761.00
梁子湖区	161.00	161.00		161.00
华容区	4118.00	78.00		78.00
鄂城区	73.00	73.00		73.00
荆门市	**378328.42**	**66770.00**	**23000.00**	**43770.00**
市辖区	19101.25	5492.00		5492.00
东宝区	5455.00	3149.00		3149.00
屈家岭管理区	1025.00	61.00		61.00
掇刀区	2605.00	450.00		450.00
京山市	111827.00	15516.00	3020.00	12496.00
沙洋县	100048.17	7468.00	1000.00	6468.00
钟祥市	138267.00	34634.00	18980.00	15654.00
孝感市	**401939.59**	**37984.00**	**10571.00**	**27413.00**
市辖区	177669.00	7311.00	6996.00	315.00
孝南区	21977.00	4889.00		4889.00
孝昌县	10960.00	4818.00		4818.00
大悟县	25773.42	7559.00		7559.00
云梦县	11780.00	2087.00		2087.00
应城市	33276.78	2811.00		2811.00
安陆市	32113.39	1926.00		1926.00
汉川市	88390.00	6583.00	3575.00	3008.00
荆州市	**322727.39**	**78859.00**	**20681.00**	**58178.00**
市辖区	33827.00	27886.00	2326.00	25560.00
沙市区	394.39	346.00		346.00
荆州区	8163.00	4917.00		4917.00
公安县	13692.00	6557.00	2640.00	3917.00
监利市	42740.00	6962.00	3250.00	3712.00
江陵县	14330.00	10594.00	7000.00	3594.00
石首市	27122.00	6408.00	1565.00	4843.00
洪湖市	133006.00	5144.00	3900.00	1244.00
松滋市	49453.00	10045.00		10045.00

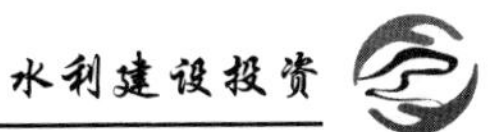

续表

地方政府投资				企业和私人投资	国内贷款	债券	其他投资
小计	省级政府投资	地市级政府投资	县级政府投资				
390852.17	**17180.00**	**146154.38**	**227517.79**	**40290.92**	**41626.13**		
153782.38	7628.00	146154.38					
4207.60	30.00		4177.60				
4421.50	130.00		4291.50				
63238.60	1100.00		62138.60	3042.92	461.46		
70171.09	1586.00		68585.09	37248.00	5142.67		
7556.00	1337.00		6219.00		5977.00		
53137.00	1395.00		51742.00				
8036.00	836.00		7200.00		30045.00		
14041.00	1053.00		12988.00				
12261.00	2085.00		10176.00				
49743.00	**3247.00**	**46456.00**	**40.00**	**11300.00**			
48803.00	2347.00	46456.00		8200.00			
940.00	900.00		40.00	3100.00			
124469.42	**15488.00**	**31084.00**	**77897.42**	**35000.00**	**151089.00**	**1000.00**	
8409.25	2876.00	5084.00	449.25		5200.00		
2306.00	382.00		1924.00				
964.00	72.00		892.00				
2155.00	140.00		2015.00				
27311.00	4297.00	6000.00	17014.00	30000.00	39000.00		
20048.17	1145.00		18903.17		71532.00	1000.00	
63276.00	6576.00	20000.00	36700.00	5000.00	35357.00		
198861.81	**14947.00**	**121800.00**	**62114.81**	**113796.78**	**35000.00**	**16297.00**	
97358.00	861.00	90000.00	6497.00	73000.00			
9271.00	1145.00		8126.00			7817.00	
6142.00	1042.00		5100.00				
3734.42	2744.00		990.42		11000.00	3480.00	
9693.00	693.00		9000.00				
669.00	669.00			796.78	24000.00	5000.00	
30187.39	643.00		29544.39				
41807.00	7150.00	31800.00	2857.00	40000.00			
243868.39	**23009.00**	**135095.00**	**85764.39**				
5941.00	2446.00	3495.00					
48.39	30.00		18.39				
3246.00	1894.00		1352.00				
7135.00	1058.00		6077.00				
35778.00	4032.00		31746.00				
3736.00	3526.00		210.00				
20714.00	3511.00		17203.00				
127862.00	4786.00	121976.00	1100.00				
39408.00	1726.00	9624.00	28058.00				

项目类型	本年到位投资	中央政府投资		
		小计	中央预算内投资	中央财政资金
黄冈市	**742806.51**	**165554.00**	**95182.00**	**70372.00**
市辖区	79965.27	19647.00	19413.00	234.00
黄州区	16866.79	2944.00		2944.00
团风县	57438.00	14999.00	9514.00	5485.00
红安县	53911.00	7148.00		7148.00
罗田县	25950.00	8257.00		8257.00
英山县	28524.00	9139.00		9139.00
浠水县	104151.00	11604.00	6578.00	5026.00
蕲春县	89462.00	27644.00	21000.00	6644.00
黄梅县	75511.01	27109.00	21500.00	5609.00
麻城市	115265.44	26109.00	10817.00	15292.00
武穴市	93850.00	10304.00	5760.00	4544.00
龙感湖管理区	1912.00	650.00	600.00	50.00
咸宁市	**208559.57**	**43826.00**	**6400.00**	**37426.00**
市辖区	22340.62	91.00		91.00
咸安区	21016.00	3731.00		3731.00
嘉鱼县	26600.35	3166.00	560.00	2606.00
通城县	24308.00	3520.00		3520.00
崇阳县	37024.60	7839.00		7839.00
通山县	43648.00	18838.00	5000.00	13838.00
赤壁市	33622.00	6641.00	840.00	5801.00
随州市	**87443.55**	**24566.00**		**24566.00**
市辖区	3521.00	700.00		700.00
曾都区	12021.25	3360.00		3360.00
随县	35173.30	10354.00		10354.00
广水市	36728.00	10152.00		10152.00
恩施土家族苗族自治州	**190736.86**	**89834.00**		**89834.00**
恩施市	21370.00	4823.00		4823.00
利川市	9350.90	4558.00		4558.00
建始县	17953.00	14023.00		14023.00
巴东县	58223.00	52423.00		52423.00
宣恩县	8140.00	5157.00		5157.00
咸丰县	45244.00	3085.00		3085.00
来凤县	14921.66	2910.00		2910.00
鹤峰县	14846.30	2710.00		2710.00
州直	688.00	145.00		145.00
省直管	**833442.72**	**176684.00**	**131157.00**	**45527.00**
仙桃市	199493.00	46312.00	40052.00	6260.00
潜江市	151156.02	18740.00	14068.00	4672.00
天门市	201195.00	7963.00	1920.00	6043.00
神农架林区	11302.70	3794.00		3794.00
厅直单位	270296.00	99875.00	75117.00	24758.00

续表

地方政府投资				企业和私人投资	国内贷款	债券	其他投资
小计	省级政府投资	地市级政府投资	县级政府投资				
534535.51	**25851.00**	**31439.27**	**477245.24**	**28603.00**	**14114.00**		
60318.27	3259.00	29059.27	28000.00				
13922.79	269.00		13653.79				
39139.00	1095.00	180.00	37864.00		3300.00		
33160.00	3940.00		29220.00	13603.00			
2693.00	710.00		1983.00	15000.00			
8571.00	748.00		7823.00		10814.00		
92547.00	2063.00	2200.00	88284.00				
61818.00	4060.00		57758.00				
48402.01	3500.00		44902.01				
89156.44	3151.00		86005.44				
83546.00	3056.00		80490.00				
1262.00			1262.00				
116433.57	**10597.00**	**21997.62**	**83838.95**	**16310.00**	**31990.00**		
22249.62	252.00	21997.62					
17195.00	1356.00		15839.00		90.00		
23434.35	1110.00		22324.35				
15088.00	779.00		14309.00		5700.00		
9185.60	2214.00		6971.60		20000.00		
7300.00	3125.00		4175.00	11310.00	6200.00		
21981.00	1761.00		20220.00	5000.00			
59177.55	**4808.00**	**1965.00**	**52404.55**		**3700.00**		
2821.00	856.00	1965.00					
8661.25	887.00		7774.25				
24819.30	1189.00		23630.30				
22876.00	1876.00		21000.00		3700.00		
55082.86	**6078.00**	**742.00**	**48262.86**	**2020.00**	**43800.00**		
16547.00	1295.00	98.00	15154.00				
4792.90	1127.00	79.00	3586.90				
3930.00	558.00	72.00	3300.00				
5800.00	778.00	73.00	4949.00				
963.00	392.00	44.00	527.00	2020.00			
9659.00	445.00	54.00	9160.00		32500.00		
711.66	612.00	43.00	56.66		11300.00		
12136.30	568.00	39.00	11529.30				
543.00	303.00	240.00					
375467.70	**132311.00**	**6353.70**	**236803.00**	**135059.02**	**74000.00**	**72232.00**	
152181.00	19416.00		132765.00			1000.00	
45899.00	7515.00		38384.00	15285.02		71232.00	
53458.00	2464.00		50994.00	119774.00	20000.00		
7508.70	1305.00	6203.70					
116421.00	101611.00	150.00	14660.00		54000.00		

5-7 2020—2022年水利建设

行政区	2020年水利建设项目投资到位		
	合计	中央政府投资	地方政府投资
湖北省	**3068131.77**	**709094.23**	**2359037.54**
武汉市	889061.50	18426.00	870635.50
黄石市	52745.72	12694.00	40051.72
十堰市	187807.00	51353.00	136454.00
宜昌市	158879.23	99052.23	59827.00
襄阳市	95085.39	29943.00	65142.39
鄂州市	121553.00	6656.00	114897.00
荆门市	195681.00	58878.00	136803.00
孝感市	196973.00	64920.00	132053.00
荆州市	238420.78	108224.00	130196.78
黄冈市	319839.90	67773.00	252066.90
咸宁市	92889.30	23246.00	69643.30
随州市	78975.00	11033.00	67942.00
恩施土家族苗族自治州	114623.46	60596.00	54027.46
仙桃市	54212.00	7843.00	46369.00
潜江市	35139.49	5672.00	29467.49
天门市	44153.00	3364.00	40789.00
神农架林区	6389.00	5909.00	480.00
厅直单位	185704.00	73512.00	112192.00

项目到位投资（按地市分）

单位：万元

2021年水利建设项目投资到位			2022年水利建设项目投资到位		
合计	中央政府投资	地方政府投资	合计	中央政府投资	地方政府投资
4369851.87	**1185707.82**	**3184144.05**	**6005012.42**	**1149715.00**	**4855297.42**
698896.73	49441.99	649454.74	801531.19	57731.00	743800.19
122667.45	29415.00	93252.45	265750.80	31962.00	233788.80
230078.67	117156.00	112922.67	396931.60	92837.00	304094.60
642333.13	207398.83	434934.30	759416.00	201522.00	557894.00
449015.00	64632.00	384383.00	552282.22	79513.00	472769.22
83032.00	1221.00	81811.00	63116.00	2073.00	61043.00
257181.00	95978.00	161203.00	378328.42	66770.00	311558.42
178212.00	56847.00	121365.00	401939.59	37984.00	363955.59
213740.80	95674.00	118066.80	322727.39	78859.00	243868.39
601257.12	148640.00	452617.12	742806.51	165554.00	577252.51
143793.34	61140.00	82653.34	208559.57	43826.00	164733.57
110442.00	25856.00	84586.00	87443.55	24566.00	62877.55
120769.63	90536.00	30233.63	190736.86	89834.00	100902.86
109060.00	40872.00	68188.00	199493.00	46312.00	153181.00
66947.00	11788.00	55159.00	151156.02	18740.00	132416.02
69943.00	6838.00	63105.00	201195.00	7963.00	193232.00
3503.00	3126.00	377.00	11302.70	3794.00	7508.70
268980.00	79148.00	189832.00	270296.00	99875.00	170421.00

5－8 2022年水利建设

项目类型	本年完成投资	中央政府投资		
		小计	中央预算内投资	中央财政资金
合计	**5975397.08**	**1162865.92**	**423721.00**	**739144.92**
重大水利工程	**532160.73**	**216808.00**	**216808.00**	
防洪减灾工程	260711.48	98493.00	98493.00	
水资源配置工程	74121.25			
重大农业节水工程（含大型灌区新建及现代化改造）	197328.00	118315.00	118315.00	
防洪减灾能力建设（除列入重大工程以外的项目）	**1495737.47**	**376034.18**	**197227.00**	**178807.18**
流域面积3000平方公里以上中小河流治理	298125.50	85184.00	85184.00	
流域面积200～3000平方公里中小河流治理	18800.00	800.00		800.00
流域面积200平方公里以下中小河流治理	216585.62	43968.00		43968.00
区域排涝能力建设	477853.00	57424.00	57424.00	
大中型病险水库除险加固	122632.00	54619.00	54619.00	
小型病险水库除险加固	124781.76	33357.80		33357.80
病险水闸除险加固	5382.80			
山洪灾害防治	20984.73	9158.49		9158.49
防汛通信设施等其他防洪减灾项目	7086.00			
城市防洪	92776.00			
水毁工程修复和水利救灾	108130.06	91522.89		91522.89
水库水质保障工程	2600.00			
农村水利建设	**1036117.67**	**71596.00**		**71596.00**
农村供水工程	517963.58			
中小型灌区新建及改造（除中央预算内投资外的其他资金安排的项目）	61987.00	51596.00		51596.00
水系连通、水美乡村及农村水系综合整治	156571.68	20000.00		20000.00
农村河塘清淤整治	46987.74			
灌溉排水泵站更新改造	31361.89			
小型水源工程	99283.27			

项目完成投资（按项目类型分）

单位：万元

地方政府投资				企业和私人投资	国内贷款	债券	其他投资
小计	省级政府投资	地市级政府投资	县级政府投资				
3127878.61	**332026.77**	**1251027.35**	**1544824.49**	**760870.02**	**811336.93**	**112444.80**	**0.80**
249272.73	**131680.00**	**76819.48**	**40773.25**		**66080.00**		
108218.48	88300.00	8368.48	11550.00		54000.00		
62041.25	4000.00	43480.00	14561.25		12080.00		
79013.00	39380.00	24971.00	14662.00				
948856.79	**102185.37**	**300086.29**	**546585.13**	**58287.70**	**104146.00**	**8412.80**	
127484.50	29440.00	7500.00	90544.50		85457.00		
11000.00		8000.00	3000.00		5000.00	2000.00	
138280.00	14283.00	16279.00	107718.00	30763.70	3178.00	395.92	
398596.00	19345.00	179917.59	199333.41	12504.00	7512.00	1817.00	
52013.00	26667.00	1594.00	23752.00	15000.00		1000.00	
86125.08		4128.00	81997.08		2099.00	3199.88	
5182.80		580.00	4602.80		200.00		
11806.24		6050.00	5756.24	20.00			
6386.00	75.00	98.00	6213.00		700.00		
92776.00		72000.00	20776.00				
16607.17	12375.37	1339.70	2892.10				
2600.00		2600.00					
606188.20	**26988.00**	**74121.54**	**505078.66**	**182067.00**	**149666.47**	**26600.00**	
293132.08		34909.62	258222.46	112061.00	104370.50	8400.00	
9516.00	1978.00		7538.00		675.00	200.00	
84781.68		21631.00	63150.68	13350.00	38440.00		
46987.74	700.00	105.00	46182.74				
31180.92		17475.92	13705.00		180.97		
41283.27			41283.27	40000.00		18000.00	

项目类型	本年完成投资	中央政府投资		
		小 计	中央预算内投资	中央财政资金
农村小水电	16758.35			
其他农村水利建设	2177.00			
高效节水和高标准农田建设	11317.00			
小型农田水利设施建设	91710.16			
其他重点水利工程建设	**497698.65**	**27000.00**		**27000.00**
新建中型水库	25000.00			
新建小型水库	76048.85	27000.00		27000.00
城乡供水/水务一体化	317576.80			
其他重点建设	22823.00			
其他引调水工程	56250.00			
水土保持及生态修复工程	**1785327.19**	**27352.00**	**9686.00**	**17666.00**
水土保持重点工程建设	49727.19	17666.00		17666.00
地下水超采综合治理	1688.00			
河流综合治理与生态修复（除列入重大工程以外的项目）	1364190.54	9686.00	9686.00	
其他水土保持及生态修复工程	128271.46			
湿地和水源地生态保护	241450.00			
水利工程设施维修养护等	**181347.43**	**36283.00**		**36283.00**
农村饮水工程设施维修养护	44442.64	13500.00		13500.00
小型水库工程设施维修养护	15564.60	12205.00		12205.00
山洪灾害防治非工程措施维修养护	4119.11	1798.00		1798.00
其他水利工程设施维修养护	9981.08	10.00		10.00
农业水价综合改革	7174.00	6111.00		6111.00
河湖管护	25562.00			
水资源节约与保护	74504.00	2659.00		2659.00
行业能力建设	**27844.80**			
基础设施建设（含水政监察）	18327.80			
水文水资源工程	1903.00			
前期工作	7614.00			
水库移民	**227533.36**	**220899.96**		**220899.96**
三峡后续资金	**191629.78**	**186892.78**		**186892.78**

续表

地方政府投资				企业和私人投资	国内贷款	债券	其他投资
小计	省级政府投资	地市级政府投资	县级政府投资				
3202.35			3202.35	13556.00			
2177.00			2177.00				
11317.00			11317.00				
82610.16	24310.00		58300.16	3100.00	6000.00		
224963.65		**21123.85**	**203839.80**	**77574.00**	**96929.00**	**71232.00**	
				25000.00			
24369.85		8523.85	15846.00	5500.00	19179.00		
147770.80		12600.00	135170.80	47074.00	51500.00	71232.00	
22823.00			22823.00				
30000.00			30000.00		26250.00		
966691.41		**759861.11**	**206830.30**	**441204.32**	**343879.46**	**6200.00**	
2261.19		233.85	2027.34		29800.00		
1688.00			1688.00				
616355.92		423831.62	192524.30	423054.62	308894.00	6200.00	
104936.30		100445.64	4490.66	18149.70	5185.46		
241450.00		235350.00	6100.00				
95168.63	**64001.00**	**12152.08**	**19015.55**	**1205.00**	**48690.00**		**0.80**
30942.64	28044.00	1276.00	1622.64				
3359.60		974.00	2385.60				
2320.31			2320.31				0.80
9971.08	157.00	3335.08	6479.00				
973.00	308.00	150.00	515.00		90.00		
24357.00	12937.00	6217.00	5203.00	1205.00			
23245.00	22555.00	200.00	490.00		48600.00		
25898.80	**6600.00**	**6863.00**	**12435.80**		**1946.00**		
16381.80	1000.00	5657.00	9724.80		1946.00		
1903.00	600.00		1303.00				
7614.00	5000.00	1206.00	1408.00				
6101.40	**572.40**		**5529.00**	**532.00**			
4737.00			**4737.00**				

5-9 2022年水利建设

项 目 类 型	本年到位投资	中央政府投资		
		小 计	中央预算内投资	中央财政资金
湖北省	**5975397.08**	**1162865.92**	**423721.00**	**739144.92**
武汉市	**800560.80**	**57846.74**	**42576.00**	**15270.74**
市辖区	655241.40	40730.00	39200.00	1530.00
东西湖区	11785.08	2.00		2.00
汉南区	44598.49	207.49		207.49
蔡甸区	10340.20	1727.00	690.00	1037.00
江夏区	28918.63	2441.25		2441.25
黄陂区	13875.00	9828.00	2686.00	7142.00
新洲区	19745.00	2854.00		2854.00
东湖新技术开发区	16057.00	57.00		57.00
黄石市	**265750.80**	**31962.00**	**13502.00**	**18460.00**
市辖区	98019.00	906.00		906.00
西塞山区	1000.00	1000.00		1000.00
阳新县	93924.80	24041.00	10622.00	13419.00
大冶市	72807.00	6015.00	2880.00	3135.00
十堰市	**402431.60**	**92837.00**		**92837.00**
市辖区	114854.00	4998.00		4998.00
茅箭区	1896.80	896.00		896.00
张湾区	2421.00	748.00		748.00
郧阳区	43542.80	24759.00		24759.00
郧西县	44246.00	6522.00		6522.00
竹山县	17335.00	8956.00		8956.00
竹溪县	61024.00	7166.00		7166.00
房县	30529.00	10155.00		10155.00
丹江口市	86583.00	28637.00		28637.00
宜昌市	**649057.68**	**195958.50**	**34171.00**	**161787.50**
市辖区	244192.60	20727.00	17715.00	3012.00
西陵区	11.00	11.00		11.00
伍家岗区	12636.00	9708.00	9686.00	22.00
点军区	5910.00	3001.00		3001.00
猇亭区	1148.00	467.00		467.00
夷陵区	41914.80	18437.00		18437.00
远安县	7945.58	2405.50		2405.50
兴山县	43321.70	18821.00		18821.00
秭归县	69009.00	63154.00		63154.00
长阳土家族自治县	24872.00	8373.00		8373.00
五峰土家族自治县	15323.00	2096.00		2096.00
宜都市	25869.00	4130.00	1480.00	2650.00
当阳市	114868.00	21347.00	5290.00	16057.00
枝江市	42037.00	23281.00		23281.00

项目完成投资（按市县分）

单位：万元

地方政府投资				企业和私人投资	国内贷款	债券	其他投资
小计	省级政府投资	地市级政府投资	县级政府投资				
3127878.61	**332026.77**	**1251027.35**	**1544824.49**	**760870.02**	**811336.93**	**112444.80**	**0.80**
529414.06	**31401.37**	**455464.10**	**42548.59**	**28500.00**	**184800.00**		
429711.40	20517.00	409194.40			184800.00		
11783.08		170.08	11613.00				
31891.00		31410.00	481.00	12500.00			
8613.20	961.00	1122.00	6530.20				
26477.38	5604.37	6257.62	14615.39				
4047.00	3151.00	896.00					
16891.00	1168.00	6414.00	9309.00				
				16000.00			
143988.80	**10040.00**	**91280.00**	**42668.80**		**89800.00**		
91113.00	2513.00	88600.00			6000.00		
40383.80	6550.00	2680.00	31153.80		29500.00		
12492.00	977.00		11515.00		54300.00		
199646.00	**12049.00**	**106821.00**	**80776.00**	**59163.00**	**49778.00**	**1006.80**	**0.80**
109856.00	3110.00	106716.00	30.00				
822.00	822.00				178.00		0.80
1673.00	324.00		1349.00				
1183.00	1183.00				16594.00	1006.80	
6448.00	557.00		5891.00	31276.00			
8379.00	1574.00	105.00	6700.00				
5602.00	961.00		4641.00	16900.00	31356.00		
7737.00	1929.00		5808.00	10987.00	1650.00		
57946.00	1589.00		56357.00				
42334.08	**16861.40**	**7999.00**	**17473.68**	**273127.30**	**114928.80**	**22709.00**	
12911.00	5680.00	7231.00		210554.60			
2928.00	300.00		2628.00				
2909.00			2909.00				
372.00			372.00			309.00	
5210.00	2110.00		3100.00		18267.80		
3865.08	872.40	70.00	2922.68		1675.00		
769.00	769.00			22481.70	1250.00		
519.00	519.00				5336.00		
1851.00	1851.00			12248.00		2400.00	
1968.00	368.00		1600.00	8459.00	2800.00		
355.00	355.00			19384.00		2000.00	
6921.00	2281.00	698.00	3942.00		68600.00	18000.00	
1756.00	1756.00				17000.00		

项 目 类 型	本年到位投资	中央政府投资		
		小 计	中央预算内投资	中央财政资金
襄阳市	**549946.59**	**81593.00**	**26510.00**	**55083.00**
市辖区	179287.93	25338.00	21310.00	4028.00
襄城区	4259.60	52.00		52.00
樊城区	4616.50	195.00		195.00
襄州区	74130.98	7388.00		7388.00
南漳县	114598.60	2724.00		2724.00
谷城县	16375.00	3435.00		3435.00
保康县	58819.00	5682.00		5682.00
老河口市	44313.00	6232.00		6232.00
枣阳市	34021.98	22184.00	5200.00	16984.00
宜城市	19524.00	8363.00		8363.00
鄂州市	**146216.00**	**2073.00**		**2073.00**
市辖区	141864.00	1761.00		1761.00
梁子湖区	161.00	161.00		161.00
华容区	4118.00	78.00		78.00
鄂城区	73.00	73.00		73.00
荆门市	**389855.17**	**81734.00**	**37964.00**	**43770.00**
市辖区	25509.00	10689.00	5197.00	5492.00
东宝区	5412.00	3149.00		3149.00
屈家岭管理区	1025.00	61.00		61.00
掇刀区	2605.00	450.00		450.00
京山市	118427.00	15516.00	3020.00	12496.00
沙洋县	79043.17	7468.00	1000.00	6468.00
钟祥市	157834.00	44401.00	28747.00	15654.00
孝感市	**402642.59**	**39634.00**	**12221.00**	**27413.00**
市辖区	171172.00	7311.00	6996.00	315.00
孝南区	21977.00	4889.00		4889.00
孝昌县	10960.00	4818.00		4818.00
大悟县	25773.42	7559.00		7559.00
云梦县	11780.00	2087.00		2087.00
应城市	40476.78	4461.00	1650.00	2811.00
安陆市	32113.39	1926.00		1926.00
汉川市	88390.00	6583.00	3575.00	3008.00
荆州市	**296740.96**	**78859.00**	**20681.00**	**58178.00**
市辖区	33827.00	27886.00	2326.00	25560.00
沙市区	394.39	346.00		346.00
荆州区	6834.00	4917.00		4917.00
公安县	13692.00	6557.00	2640.00	3917.00
监利市	33706.57	6962.00	3250.00	3712.00
江陵县	14330.00	10594.00	7000.00	3594.00
石首市	27122.00	6408.00	1565.00	4843.00
洪湖市	127006.00	5144.00	3900.00	1244.00
松滋市	39829.00	10045.00		10045.00

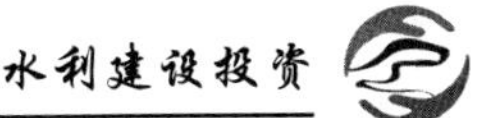

续表

地方政府投资				企业和私人投资	国内贷款	债券	其他投资
小计	省级政府投资	地市级政府投资	县级政府投资				
386989.54	**15640.00**	**147821.93**	**223527.61**	**40290.92**	**41073.13**		
153949.93	6128.00	147821.93					
4207.60	30.00		4177.60				
4421.50	130.00		4291.50				
63238.60	1100.00		62138.60	3042.92	461.46		
69483.93	1586.00		67897.93	37248.00	5142.67		
7516.00	1297.00		6219.00		5424.00		
53137.00	1395.00		51742.00				
8036.00	836.00		7200.00		30045.00		
11837.98	1053.00		10784.98				
11161.00	2085.00		9076.00				
132843.00	**3247.00**	**129556.00**	**40.00**	**11300.00**			
131903.00	2347.00	129556.00		8200.00			
940.00	900.00		40.00	3100.00			
132052.17	**15010.00**	**26984.00**	**90058.17**	**52700.00**	**122369.00**	**1000.00**	
9620.00	2626.00	3984.00	3010.00		5200.00		
2263.00	339.00		1924.00				
964.00	72.00		892.00				
2155.00	140.00		2015.00				
33911.00	4297.00	3000.00	26614.00	30000.00	39000.00		
19863.17	960.00		18903.17	7700.00	43012.00	1000.00	
63276.00	6576.00	20000.00	36700.00	15000.00	35157.00		
197914.81	**14947.00**	**121800.00**	**61167.81**	**113796.78**	**35000.00**	**16297.00**	
90861.00	861.00	90000.00		73000.00			
9271.00	1145.00		8126.00			7817.00	
6142.00	1042.00		5100.00				
3734.42	2744.00		990.42		11000.00	3480.00	
9693.00	693.00		9000.00				
6219.00	669.00		5550.00	796.78	24000.00	5000.00	
30187.39	643.00		29544.39				
41807.00	7150.00	31800.00	2857.00	40000.00			
217881.96	**21680.00**	**119471.00**	**76730.96**				
5941.00	2446.00	3495.00					
48.39	30.00		18.39				
1917.00	565.00		1352.00				
7135.00	1058.00		6077.00				
26744.57	4032.00		22712.57				
3736.00	3526.00		210.00				
20714.00	3511.00		17203.00				
121862.00	4786.00	115976.00	1100.00				
29784.00	1726.00		28058.00				

项目类型	本年到位投资	中央政府投资		
		小计	中央预算内投资	中央财政资金
黄冈市	**738654.51**	**157568.00**	**87196.00**	**70372.00**
市辖区	50957.27	19647.00	19413.00	234.00
黄州区	16866.79	2944.00		2944.00
团风县	49066.00	11830.00	6345.00	5485.00
红安县	53911.00	7148.00		7148.00
罗田县	25950.00	8257.00		8257.00
英山县	28524.00	9139.00		9139.00
浠水县	142296.00	11604.00	6578.00	5026.00
蕲春县	89462.00	27644.00	21000.00	6644.00
黄梅县	75511.01	27109.00	21500.00	5609.00
麻城市	110448.44	21292.00	6000.00	15292.00
武穴市	93750.00	10304.00	5760.00	4544.00
龙感湖管理区	1912.00	650.00	600.00	50.00
咸宁市	**207759.57**	**43826.00**	**6400.00**	**37426.00**
市辖区	22340.62	91.00		91.00
咸安区	20216.00	3731.00		3731.00
嘉鱼县	26600.35	3166.00	560.00	2606.00
通城县	24308.00	3520.00		3520.00
崇阳县	37024.60	7839.00		7839.00
通山县	43648.00	18838.00	5000.00	13838.00
赤壁市	33622.00	6641.00	840.00	5801.00
随州市	**84123.76**	**23050.21**		**23050.21**
市辖区	3521.00	700.00		700.00
曾都区	11961.25	3300.00		3300.00
随县	33189.51	9370.21		9370.21
广水市	35452.00	9680.00		9680.00
恩施土家族苗族自治州	**177336.86**	**89834.00**		**89834.00**
恩施市	21370.00	4823.00		4823.00
利川市	9350.90	4558.00		4558.00
建始县	17953.00	14023.00		14023.00
巴东县	58223.00	52423.00		52423.00
宣恩县	8140.00	5157.00		5157.00
咸丰县	40744.00	3085.00		3085.00
来凤县	13621.66	2910.00		2910.00
鹤峰县	7246.30	2710.00		2710.00
州直	688.00	145.00		145.00
省直管	**864320.19**	**186090.47**	**142500.00**	**43590.47**
仙桃市	201602.00	52212.00	45708.00	6504.00
潜江市	150957.02	18697.00	14025.00	4672.00
天门市	201780.00	7963.00	1920.00	6043.00
神农架林区	11302.70	3794.00		3794.00
厅直单位	298678.47	103424.47	80847.00	22577.47

续表

地方政府投资				企业和私人投资	国内贷款	债券	其他投资
小计	省级政府投资	地市级政府投资	县级政府投资				
538369.51	**25851.00**	**12772.00**	**499746.51**	**28603.00**	**14114.00**		
31310.27	3259.00	10392.00	17659.27				
13922.79	269.00		13653.79				
33936.00	1095.00	180.00	32661.00		3300.00		
33160.00	3940.00		29220.00	13603.00			
2693.00	710.00		1983.00	15000.00			
8571.00	748.00		7823.00		10814.00		
130692.00	2063.00	2200.00	126429.00				
61818.00	4060.00		57758.00				
48402.01	3500.00		44902.01				
89156.44	3151.00		86005.44				
83446.00	3056.00		80390.00				
1262.00			1262.00				
115633.57	**10597.00**	**21997.62**	**83038.95**	**16310.00**	**31990.00**		
22249.62	252.00	21997.62					
16395.00	1356.00		15039.00		90.00		
23434.35	1110.00		22324.35				
15088.00	779.00		14309.00		5700.00		
9185.60	2214.00		6971.60		20000.00		
7300.00	3125.00		4175.00	11310.00	6200.00		
21981.00	1761.00		20220.00	5000.00			
57669.55	**4773.00**	**1965.00**	**50931.55**		**3404.00**		
2821.00	856.00	1965.00					
8661.25	887.00		7774.25				
23819.30	1189.00		22630.30				
22368.00	1841.00		20527.00		3404.00		
47482.86	**6078.00**	**742.00**	**40662.86**	**2020.00**	**38000.00**		
16547.00	1295.00	98.00	15154.00				
4792.90	1127.00	79.00	3586.90				
3930.00	558.00	72.00	3300.00				
5800.00	778.00	73.00	4949.00				
963.00	392.00	44.00	527.00	2020.00			
9659.00	445.00	54.00	9160.00		28000.00		
711.66	612.00	43.00	56.66		10000.00		
4536.30	568.00	39.00	3929.30				
543.00	303.00	240.00					
385658.70	**143852.00**	**6353.70**	**235453.00**	**135059.02**	**86080.00**	**71432.00**	
149190.00	19854.00		129336.00			200.00	
45743.00	7515.00		38228.00	15285.02		71232.00	
54043.00	814.00		53229.00	119774.00	20000.00		
7508.70	1305.00	6203.70					
129174.00	114364.00	150.00	14660.00		66080.00		

5-10　2020—2022年水利建设

<table>
<tr><th rowspan="2">行　政　区</th><th colspan="3">2020年水利建设项目投资完成</th></tr>
<tr><th>合计</th><th>中央政府投资</th><th>地方政府投资</th></tr>
<tr><td>湖北省</td><td>3065674.82</td><td>695094.74</td><td>2370580.08</td></tr>
<tr><td>武汉市</td><td>872968.20</td><td>20338.70</td><td>852629.50</td></tr>
<tr><td>黄石市</td><td>52745.72</td><td>12694.00</td><td>40051.72</td></tr>
<tr><td>十堰市</td><td>186148.00</td><td>50625.00</td><td>135523.00</td></tr>
<tr><td>宜昌市</td><td>137597.23</td><td>71737.23</td><td>65860.00</td></tr>
<tr><td>襄阳市</td><td>95085.39</td><td>29943.00</td><td>65142.39</td></tr>
<tr><td>鄂州市</td><td>119225.00</td><td>4328.00</td><td>114897.00</td></tr>
<tr><td>荆门市</td><td>193586.00</td><td>58878.00</td><td>134708.00</td></tr>
<tr><td>孝感市</td><td>196773.00</td><td>64720.00</td><td>132053.00</td></tr>
<tr><td>荆州市</td><td>251526.78</td><td>108224.00</td><td>143302.78</td></tr>
<tr><td>黄冈市</td><td>333666.00</td><td>89739.56</td><td>243926.44</td></tr>
<tr><td>咸宁市</td><td>79630.30</td><td>20680.00</td><td>58950.30</td></tr>
<tr><td>随州市</td><td>78739.25</td><td>10932.25</td><td>67807.00</td></tr>
<tr><td>恩施土家族苗族自治州</td><td>110821.46</td><td>56294.00</td><td>54527.46</td></tr>
<tr><td>仙桃市</td><td>54212.00</td><td>7843.00</td><td>46369.00</td></tr>
<tr><td>潜江市</td><td>34933.49</td><td>5466.00</td><td>29467.49</td></tr>
<tr><td>天门市</td><td>44153.00</td><td>3364.00</td><td>40789.00</td></tr>
<tr><td>神农架林区</td><td>6389.00</td><td>5909.00</td><td>480.00</td></tr>
<tr><td>厅直单位</td><td>217475.00</td><td>73379.00</td><td>144096.00</td></tr>
</table>

项目完成投资（按地市分）

单位：万元

2021年水利建设项目投资完成			2022年水利建设项目投资完成		
合计	中央政府投资	地方政府投资	合计	中央政府投资	地方政府投资
3553435.35	**1053384.42**	**2500050.93**	**5975397.08**	**1162865.92**	**4812531.16**
569253.11	45824.84	523428.27	800560.80	57846.74	742714.06
123146.45	29894.00	93252.45	265750.80	31962.00	233788.80
260825.67	109303.00	151522.67	402431.60	92837.00	309594.60
539463.46	181999.79	357463.67	649057.68	195958.50	453099.18
122416.00	58632.00	63784.00	549946.59	81593.00	468353.59
83032.00	1221.00	81811.00	146216.00	2073.00	144143.00
215299.24	89242.00	126057.24	389855.17	81734.00	308121.17
168212.00	56847.00	111365.00	402642.59	39634.00	363008.59
211976.80	94390.00	117586.80	296740.96	78859.00	217881.96
578461.85	134551.73	443910.12	738654.51	157568.00	581086.51
145673.80	64068.06	81605.74	207759.57	43826.00	163933.57
47947.00	25856.00	22091.00	84123.76	23050.21	61073.55
65279.63	37463.00	27816.63	177336.86	89834.00	87502.86
85726.34	32116.00	53610.34	201602.00	52212.00	149390.00
64127.00	10444.00	53683.00	150957.02	18697.00	132260.02
69943.00	6838.00	63105.00	201780.00	7963.00	193817.00
3503.00	3126.00	377.00	11302.70	3794.00	7508.70
199149.00	71568.00	127581.00	298678.47	103424.47	195254.00

5－11　2022年水利建设

项　目　类　型	本年完成投资			
		防洪	灌溉	除涝
合计	**5975397.08**	**1530656.50**	**480559.68**	**436395.02**
重大水利工程	**532160.73**	**146301.48**	**166711.00**	**20662.00**
防洪减灾工程	260711.48	126796.48		11422.00
水资源配置工程	74121.25	12080.00		
重大农业节水工程（含大型灌区新建及现代化改造）	197328.00	7425.00	166711.00	9240.00
防洪减灾能力建设（除列入重大工程以外的项目）	**1495737.47**	**1042097.91**	**75334.16**	**159092.59**
流域面积3000平方公里以上中小河流治理	298125.50	273433.00	1100.00	16000.00
流域面积200～3000平方公里中小河流治理	18800.00	18300.00		
流域面积200平方公里以下中小河流治理	216585.62	136954.62	2233.00	1824.00
区域排涝能力建设	477853.00	256629.41	19671.00	137473.59
大中型病险水库除险加固	122632.00	94143.00	19935.27	
小型病险水库除险加固	124781.76	111701.54	6761.89	821.00
病险水闸除险加固	5382.80	3558.00	400.00	1400.00
山洪灾害防治	20984.73	19463.04		288.00
城市防洪	92776.00	92776.00		
水毁工程修复和水利救灾	108130.06	30790.30	25061.00	1286.00
水库水质保障工程	2600.00			
防汛通信设施等其他防洪减灾项目	7086.00	4349.00	172.00	
农村水利建设	**1036117.67**	**87026.95**	**98535.60**	**73616.05**
农村供水工程	517963.58	13040.54	13520.00	
中小型灌区新建及改造（除中央预算内投资外的其他资金安排的项目）	61987.00	536.75	52958.60	408.00
水系连通、水美乡村及农村水系综合整治	156571.68	64277.68	6600.00	15880.00
农村河塘清淤整治	46987.74	1076.58	3340.00	35366.16
灌溉排水泵站更新改造	31361.89	2780.00	8090.00	20441.89
小型水源工程	99283.27	350.00	720.00	680.00

项目完成投资（按用途分）

单位：万元

供水	发电	水保及生态	机构能力建设	前期工作	其他
1208352.36	**179036.28**	**1684535.62**	**148425.84**	**45876.08**	**261559.70**
71693.25	**122493.00**	**2000.00**		**1320.00**	**980.00**
	122493.00				
59561.25		2000.00			480.00
12132.00				1320.00	500.00
34290.52	**12632.85**	**122113.53**	**5393.28**	**10562.39**	**34220.24**
		2075.00		3487.00	2030.50
				500.00	
4490.00		68432.00	46.00	197.00	2409.00
585.00	11730.00	49640.00		1104.00	1020.00
400.00	100.00	500.00	220.00	3162.73	4171.00
1577.26	347.85	136.53	547.28	520.66	2367.75
					24.80
			229.00	1.00	1003.69
24638.26	455.00	1330.00	2120.00	1590.00	20859.50
2600.00					
			2231.00		334.00
683129.60	**17635.35**	**55849.67**	**2437.66**	**4374.69**	**13512.10**
489876.33		208.00	2.66	516.05	800.00
6398.00		28.67		503.64	1153.34
13567.00		46800.00			9447.00
35.00		6890.00	35.00	75.00	170.00
50.00					
88533.27	1600.00	1800.00	2400.00	3200.00	

项目类型	本年完成投资			
		防洪	灌溉	除涝
农村小水电	16758.35	535.24		
高效节水和高标准农田建设	11317.00		10917.00	
小型农田水利设施建设	91710.16	4430.16	610.00	840.00
其他农村水利建设	2177.00		1780.00	
其他重点水利工程建设	**497698.65**	**52479.00**	**29861.85**	**2760.00**
新建中型水库	25000.00	1000.00		
新建小型水库	76048.85	33779.00	15253.85	2760.00
城乡供水/水务一体化	317576.80	17700.00	14608.00	
其他引调水工程	56250.00			
其他重点建设	22823.00			
水土保持及生态修复工程	**1785327.19**	**101122.00**	**54500.00**	**172565.60**
水土保持重点工程建设	49727.19	500.00		350.00
地下水超采综合治理	1688.00			1563.00
河流综合治理与生态修复（除列入重大工程以外的项目）	1364190.54	90622.00	54500.00	167344.60
湿地和水源地生态保护	241450.00	10000.00		
其他水土保持及生态修复工程	128271.46			3308.00
水利工程设施维修养护等	**181347.43**	**34912.16**	**13256.07**	**5801.00**
农村饮水工程设施维修养护	44442.64	8240.00	6997.00	70.00
小型水库工程设施维修养护	15564.60	10763.60	1657.53	
山洪灾害防治非工程措施维修养护	4119.11	3384.70	12.00	3.00
其他水利工程设施维修养护	9981.08	4875.00	1826.00	2820.00
农业水价综合改革	7174.00		2372.34	
河湖管护	25562.00	5626.00	53.00	2908.00
水资源节约与保护	74504.00	2022.86	338.20	
行业能力建设	**27844.80**	**7484.00**	**1000.00**	
基础设施建设（含水政监察）	18327.80	7484.00	1000.00	
水文水资源工程	1903.00			
前期工作	7614.00			
水库移民	**227533.36**	**32291.00**	**13221.00**	**1076.00**
三峡后续资金	**191629.78**	**26942.00**	**28140.00**	**821.78**

续表

供水	发电	水保及生态	机构能力建设	前期工作	其他
	16035.35	123.00			64.76
					400.00
84670.00				80.00	1080.00
					397.00
291805.80	**24000.00**	**20823.00**	**71232.00**		**4737.00**
	24000.00				
20619.00					3637.00
199936.80		13000.00	71232.00		1100.00
56250.00					
15000.00		7823.00			
37789.00	**491.00**	**1402512.62**		**10000.00**	**6346.97**
		48114.11			763.08
		125.00			
35661.00		1000691.25		10000.00	5371.69
		231450.00			
2128.00	491.00	122132.26			212.20
22039.98	**134.08**	**69307.80**	**5779.90**	**3856.00**	**26260.44**
18839.98	50.00	368.66	1370.00	110.00	8397.00
229.00		51.00	165.00	356.00	2342.47
300.00		1.00	114.00	2.00	302.41
	22.08	148.00	90.00		200.00
1166.00		131.00	550.00	277.00	2677.66
	62.00	7113.00	2194.00	1787.00	5819.00
1505.00		61495.14	1296.90	1324.00	6521.90
6446.00	**30.00**	**600.00**	**2563.00**	**7765.00**	**1956.80**
6446.00	30.00	600.00	760.00	151.00	1856.80
			1803.00		100.00
				7614.00	
15323.21	**1620.00**	**5446.00**	**59990.00**	**7398.00**	**91168.15**
45835.00		**5883.00**	**1030.00**	**600.00**	**82378.00**

5-12 2022年水利建设项目完成投资（按构成分）

单位：万元

项目类型	本年完成投资	建筑工程	安装工程	设备工器具购置	其他投资	其中：移民征地安置费
合计	**5975397.08**	**5063412.78**	**212804.82**	**215589.49**	**483589.99**	**120798.70**
重大水利工程	**532160.73**	**430256.85**	**18740.41**	**6142.50**	**77020.97**	**47306.87**
防洪减灾工程	260711.48	202289.48			58422.00	47052.00
水资源配置工程	74121.25	49561.25	10000.00		14560.00	
重大农业节水工程（含大型灌区新建及现代化改造）	197328.00	178406.12	8740.41	6142.50	4038.97	254.87
防洪减灾能力建设（除列入重大工程以外的项目）	**1495737.47**	**1281342.82**	**52784.42**	**58836.59**	**102773.64**	**30876.53**
流域面积3000平方公里以上中小河流治理	298125.50	246510.71	4478.85	13418.69	33717.25	30860.00
流域面积200～3000平方公里中小河流治理	18800.00	14000.00	1952.00	1430.00	1418.00	
流域面积200平方公里以下中小河流治理	216585.62	201068.79	9885.00	2603.00	3028.83	1.83
区域排涝能力建设	477853.00	437769.15	15256.73	16558.25	8268.87	
大中型病险水库除险加固	122632.00	98982.95	6545.36	3642.97	13460.72	
小型病险水库除险加固	124781.76	115876.06	3605.91	2743.68	2556.11	14.70
病险水闸除险加固	5382.80	3508.00	1280.00	350.00	244.80	
山洪灾害防治	20984.73	15194.63	1479.00	2728.00	1583.10	
城市防洪	92776.00	92776.00				
水毁工程修复和水利救灾	108130.06	48707.53	8065.57	12959.00	38397.96	
水库水质保障工程	2600.00	2600.00				
防汛通信设施等其他防洪减灾项目	7086.00	4349.00	236.00	2403.00	98.00	
农村水利建设	**1036117.67**	**867631.25**	**68039.32**	**27094.45**	**73352.65**	
农村供水工程	517963.58	422545.09	50560.11	15791.68	29066.70	
中小型灌区新建及改造（除中央预算内投资外的其他资金安排的项目）	61987.00	56007.74	2761.01	1673.52	1544.73	
水系连通、水美乡村及农村水系综合整治	156571.68	144093.68	2000.00	3000.00	7478.00	
农村河塘清淤整治	46987.74	46657.74			330.00	
灌溉排水泵站更新改造	31361.89	29333.89	1841.00		187.00	
小型水源工程	99283.27	71852.00	1500.00	1200.00	24731.27	
农村小水电	16758.35	16468.59	102.00		187.76	

续表

项目类型	本年完成投资	建筑工程	安装工程	设备工器具购置	其他投资	其中：移民征地安置费
高效节水和高标准农田建设	11317.00	7877.00	700.00		2740.00	
小型农田水利设施建设	91710.16	72795.52	8575.20	5429.25	4910.19	
其他农村水利建设	2177.00				2177.00	
其他重点水利工程建设	**497698.65**	**354097.26**	**18991.00**	**91512.80**	**33097.59**	**9619.59**
新建中型水库	25000.00	10600.00	5760.00		8640.00	8640.00
新建小型水库	76048.85	74293.26	776.00		979.59	979.59
城乡供水/水务一体化	317576.80	195381.00	12455.00	88512.80	21228.00	
其他引调水工程	56250.00	56250.00				
其他重点建设	22823.00	17573.00		3000.00	2250.00	
水土保持及生态修复工程	**1785327.19**	**1693399.62**	**33835.17**	**13786.02**	**44306.38**	**4163.00**
水土保持重点工程建设	49727.19	46433.01	276.30	60.00	2957.88	
地下水超采综合治理	1688.00	1688.00				
河流综合治理与生态修复（除列入重大工程以外的项目）	1364190.54	1298153.22	32216.97	13726.02	20094.33	1163.00
湿地和水源地生态保护	241450.00	239450.00			2000.00	
其他水土保持及生态修复工程	128271.46	107675.39	1341.90		19254.17	3000.00
水利工程设施维修养护等	**181347.43**	**121362.34**	**8090.02**	**8789.13**	**43105.94**	**599.71**
农村饮水工程设施维修养护	44442.64	27062.88	2879.89	4325.22	10174.65	
小型水库工程设施维修养护	15564.60	10440.33	1310.27	217.00	3597.00	
山洪灾害防治非工程措施维修养护	4119.11	2771.00	186.00	217.00	945.11	
其他水利工程设施维修养护	9981.08	8529.86		62.08	1389.14	
农业水价综合改革	7174.00	2626.06	406.94	1015.23	3125.77	
河湖管护	25562.00	8945.00	3172.24	1453.00	11991.76	596.00
水资源节约与保护	74504.00	60987.21	134.68	1499.60	11882.51	3.71
行业能力建设	**27844.80**	**11442.00**	**4956.00**	**8149.00**	**3297.80**	
基础设施建设（含水政监察）	18327.80	10630.00	3806.00	2508.00	1383.80	
水文水资源工程	1903.00	812.00	350.00	641.00	100.00	
前期工作	7614.00		800.00	5000.00	1814.00	
水库移民	**227533.36**	**131286.86**	**6662.48**	**1279.00**	**88305.02**	**15259.00**
三峡后续资金	**191629.78**	**172593.78**	**706.00**		**18330.00**	**12974.00**

5－13　2022年水利建设项目固定资产（按市县分）

单位：万元

行　政　区	自开工累计新增固定资产	自开工累计完成投资	本年新增固定资产	本年完成投资额
湖北省	**3056265.52**	**10228181.95**	**2218758.23**	**5975397.08**
武汉市	**74868.30**	**1877827.83**	**28105.00**	**800560.80**
市辖区	41000.00	1606312.58	24900.00	655241.40
东西湖区		55345.08		11785.08
汉南区		44598.49		44598.49
蔡甸区		12318.20		10340.20
江夏区	29390.30	95388.48	3205.00	28918.63
黄陂区	4478.00	13875.00		13875.00
新洲区		33933.00		19745.00
东湖新技术开发区		16057.00		16057.00
黄石市	**12557.00**	**265750.80**	**12195.00**	**265750.80**
市辖区	5000.00	98019.00	5000.00	98019.00
西塞山区		1000.00		1000.00
阳新县		93924.80		93924.80
大冶市	7557.00	72807.00	7195.00	72807.00
十堰市	**99821.60**	**403531.60**	**96593.60**	**402431.60**
市辖区	23942.00	114854.00	23942.00	114854.00
茅箭区	1387.60	1896.80	1387.60	1896.80
张湾区		2421.00		2421.00
郧阳区		43542.80		43542.80
郧西县	34366.00	44246.00	34366.00	44246.00
竹山县	9597.00	18435.00	8497.00	17335.00
竹溪县		61024.00		61024.00
房县	30529.00	30529.00	28401.00	30529.00
丹江口市		86583.00		86583.00
宜昌市	**412159.70**	**736277.08**	**351599.30**	**649057.68**
市辖区	239497.00	287169.60	182012.60	244192.60
西陵区		11.00		11.00
伍家岗区	12636.00	12636.00	12266.00	12636.00
点军区	5458.00	5910.00	5458.00	5910.00
猇亭区	267.00	1852.00	267.00	1148.00
夷陵区	18779.00	41914.80	18779.00	41914.80
远安县	1477.00	44808.98	1477.00	7945.58
兴山县	20034.70	43321.70	20034.70	43321.70
秭归县		69009.00		69009.00
长阳土家族自治县		24872.00		24872.00
五峰土家族自治县	2508.00	15323.00	1277.00	15323.00
宜都市		25869.00		25869.00
当阳市	111503.00	121543.00	110028.00	114868.00

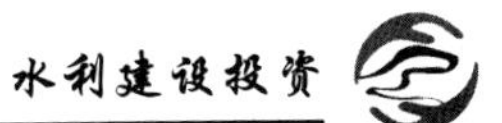

续表

行　政　区	自开工累计新增固定资产	自开工累计完成投资	本年新增固定资产	本年完成投资额
枝江市		42037.00		42037.00
襄阳市	**547492.53**	**559946.59**	**545670.53**	**549946.59**
市辖区	179287.93	189287.93	179287.93	179287.93
襄城区	4259.60	4259.60	4257.60	4259.60
樊城区	4616.50	4616.50	4616.50	4616.50
襄州区	74130.98	74130.98	74130.98	74130.98
南漳县	112144.54	114598.60	112144.54	114598.60
谷城县	16375.00	16375.00	16375.00	16375.00
保康县	58819.00	58819.00	56999.00	58819.00
老河口市	44313.00	44313.00	44313.00	44313.00
枣阳市	34021.98	34021.98	34021.98	34021.98
宜城市	19524.00	19524.00	19524.00	19524.00
鄂州市	**386962.00**	**488264.00**	**133640.00**	**146216.00**
市辖区	382922.00	483912.00	129600.00	141864.00
梁子湖区		161.00		161.00
华容区	4040.00	4118.00	4040.00	4118.00
鄂城区		73.00		73.00
荆门市	**217338.59**	**433167.51**	**182240.00**	**389855.17**
市辖区	12795.00	25509.00	5398.00	25509.00
东宝区	50.00	14613.34		5412.00
屈家岭管理区	1014.00	1025.00	1014.00	1025.00
掇刀区	1600.00	2605.00	1600.00	2605.00
京山市	105428.00	136627.00	105428.00	118427.00
沙洋县	70951.59	80903.17	43300.00	79043.17
钟祥市	25500.00	171885.00	25500.00	157834.00
孝感市	**160216.42**	**402642.59**	**160216.42**	**402642.59**
市辖区	67500.00	171172.00	67500.00	171172.00
孝南区	7106.00	21977.00	7106.00	21977.00
孝昌县	6254.00	10960.00	6254.00	10960.00
大悟县	23989.42	25773.42	23989.42	25773.42
云梦县		11780.00		11780.00
应城市		40476.78		40476.78
安陆市		32113.39		32113.39
汉川市	55367.00	88390.00	55367.00	88390.00
荆州市	**169146.00**	**318098.39**	**42205.00**	**296740.96**
市辖区		33827.00		33827.00
沙市区		394.39		394.39
荆州区		6834.00		6834.00
公安县		13692.00		13692.00
监利市		39440.00		33706.57
江陵县	10025.00	14330.00	10000.00	14330.00
石首市	2053.00	27122.00	2053.00	27122.00

续表

行　政　区	自开工累计新增固定资产	自开工累计完成投资	本年新增固定资产	本年完成投资额
洪湖市	126916.00	133006.00		127006.00
松滋市	30152.00	49453.00	30152.00	39829.00
黄冈市	**458727.48**	**853969.24**	**351539.48**	**738654.51**
市辖区		61298.00		50957.27
黄州区	3839.00	22957.79	1879.00	16866.79
团风县		49066.00		49066.00
红安县	29002.00	53911.00	29002.00	53911.00
罗田县		25950.00		25950.00
英山县	28494.00	28524.00	28494.00	28524.00
浠水县		142296.00		142296.00
蕲春县	170420.00	170420.00	89462.00	89462.00
黄梅县	12339.04	75511.01	5994.04	75511.01
麻城市	103186.44	110448.44	103186.44	110448.44
武穴市	111447.00	111675.00	93522.00	93750.00
龙感湖管理区		1912.00		1912.00
咸宁市	**92258.60**	**231331.02**	**72777.60**	**207759.57**
市辖区	1999.00	22340.62	1999.00	22340.62
咸安区	15002.00	33156.97	2853.00	20216.00
嘉鱼县	5134.00	31824.83	2949.00	26600.35
通城县	15376.00	29714.00	10229.00	24308.00
崇阳县	35633.60	37024.60	35633.60	37024.60
通山县	12014.00	43648.00	12014.00	43648.00
赤壁市	7100.00	33622.00	7100.00	33622.00
随州市	**38233.00**	**86928.30**	**34712.00**	**84123.76**
市辖区	3521.00	3521.00		3521.00
曾都区		13747.00		11961.25
随县		34173.30		33189.51
广水市	34712.00	35487.00	34712.00	35452.00
恩施土家族苗族自治州	**35664.41**	**177336.86**	**35664.41**	**177336.86**
恩施市	4202.00	21370.00	4202.00	21370.00
利川市	867.00	9350.90	867.00	9350.90
建始县	10834.00	17953.00	10834.00	17953.00
巴东县	5476.00	58223.00	5476.00	58223.00
宣恩县	2346.41	8140.00	2346.41	8140.00
咸丰县	6800.00	40744.00	6800.00	40744.00
来凤县	1626.00	13621.66	1626.00	13621.66
鹤峰县	3513.00	7246.30	3513.00	7246.30
州直		688.00		688.00
省直管	**350819.89**	**3393110.14**	**171599.89**	**864320.19**
仙桃市	251776.00	254627.00	74056.00	201602.00
潜江市	52505.00	150957.02	52505.00	150957.02
天门市	16704.00	244344.00	16704.00	201780.00
神农架林区		11302.70		11302.70
厅直单位	29834.89	2731879.42	28334.89	298678.47

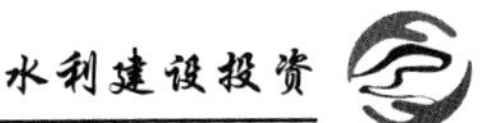

5-14 2022年水利建设项目形象进度（按市县分）

行 政 区	实物工程量：本年计划				实物工程量：本年完成			
	土方/万 m^3	石方/万 m^3	混凝土/万 m^3	金属结构/t	土方/万 m^3	石方/万 m^3	混凝土/万 m^3	金属结构/t
湖北省	**7965.59**	**1264.21**	**995.75**	**63092.64**	**7785.96**	**1256.74**	**991.98**	**63219.47**
武汉市	**350.61**	**13.03**	**17.01**	**2630.76**	**311.00**	**10.43**	**15.81**	**2815.76**
市辖区	250.00	5.00	5.00	200.00	210.99	2.40	3.91	385.00
汉南区	51.12	7.57	9.30	46.27	51.12	7.57	9.30	46.27
蔡甸区	33.05				33.05			
江夏区	16.45	0.46	2.71	2384.49	15.85	0.46	2.61	2384.49
黄石市	**46.78**	**15.85**	**7.64**	**662.57**	**46.78**	**15.85**	**7.64**	**662.57**
大冶市	46.78	15.85	7.64	662.57	46.78	15.85	7.64	662.57
十堰市	**234.93**	**50.86**	**47.08**	**1957.07**	**233.67**	**50.92**	**47.08**	**1953.07**
市辖区	9.65	2.51	6.91	157.15	9.65	2.57	6.91	157.15
茅箭区	26.50	2.35	0.59	300.90	26.50	2.35	0.59	300.90
张湾区	2.00	0.40	0.03		2.00	0.40	0.03	
郧西县	103.51	25.98	15.78	1307.60	103.51	25.98	15.78	1307.60
竹山县	54.46	1.72	2.12	46.00	53.20	1.72	2.12	42.00
房县	1.29	1.33	3.74	65.62	1.29	1.33	3.74	65.62
丹江口市	37.52	16.57	17.91	79.80	37.52	16.57	17.91	79.80
宜昌市	**392.82**	**186.28**	**62.71**	**1741.60**	**379.90**	**183.25**	**61.68**	**1690.72**
市辖区	35.40	32.30	4.34	659.20	29.56	30.58	3.99	738.32
伍家岗区	100.00	101.00	40.60	2.00	100.00	101.00	40.60	2.00
夷陵区	18.95	4.12	3.60		18.95	4.12	3.60	
兴山县	4.31	1.65	0.36		4.31	1.65	0.36	
五峰土家族自治县	33.05	18.54	0.22	138.00	33.05	18.54	0.22	138.00
当阳市	201.11	28.67	13.59	942.40	194.03	27.36	12.91	812.40
襄阳市	**940.80**	**542.67**	**371.15**	**1587.20**	**923.87**	**543.58**	**370.55**	**1520.92**
市辖区	124.54	16.80	15.48	772.09	125.24	16.80	15.48	798.09
襄城区	13.10		0.32	2.00	12.30		0.29	2.00
襄州区	58.85	3.49	15.59	3.59	46.43	3.39	15.27	1.49
南漳县	548.49	428.66	305.52	280.78	548.49	428.66	305.52	280.78
谷城县	91.72	60.60	24.08	30.00	91.52	60.70	24.08	30.00

续表

行政区	实物工程量：本年计划				实物工程量：本年完成			
	土方/万 m^3	石方/万 m^3	混凝土/万 m^3	金属结构/t	土方/万 m^3	石方/万 m^3	混凝土/万 m^3	金属结构/t
保康县	15.46	9.28	4.79	404.26	15.46	9.28	4.79	316.26
老河口市	10.85				10.85			
宜城市	77.79	23.84	5.39	94.48	73.59	24.75	5.13	92.30
鄂州市	**56.50**	**2.00**	**0.10**	**2300.00**	**36.50**	**2.00**	**0.10**	**2300.00**
市辖区	6.00	2.00	0.10	2300.00	6.00	2.00	0.10	2300.00
华容区	50.50				30.50			
荆门市	**690.90**	**138.87**	**57.56**	**2430.65**	**682.61**	**137.24**	**56.73**	**2195.15**
市辖区	26.72	11.91	3.40	32.60	26.72	11.91	3.40	32.60
屈家岭管理区	1.10		0.17	0.60	1.10		0.17	0.60
掇刀区	10.69	0.66	0.90	62.00	10.68	0.65	0.90	62.00
京山市	217.01	46.39	14.55	1731.71	213.81	45.89	14.55	1731.71
沙洋县	57.08	18.95	4.43	236.09	52.10	18.05	3.90	0.09
钟祥市	378.30	60.96	34.11	367.65	378.20	60.74	33.81	368.15
孝感市	**459.83**	**73.83**	**13.34**	**5507.37**	**459.78**	**73.83**	**13.34**	**5507.37**
市辖区	63.00	2.00	0.50	50.00	63.00	2.00	0.50	50.00
孝南区	140.68	1.40	3.21	17.50	140.63	1.40	3.21	17.50
孝昌县	32.39	1.70	0.22	72.30	32.39	1.70	0.22	72.30
大悟县	155.70	45.69	5.00	628.99	155.70	45.69	5.00	628.99
云梦县	4.52	0.26	0.25		4.52	0.26	0.25	
应城市	12.48	8.80	2.31		12.48	8.80	2.31	
汉川市	51.06	13.98	1.85	4738.58	51.06	13.98	1.85	4738.58
荆州市	**503.71**	**5.08**	**44.42**	**2380.97**	**503.42**	**5.02**	**44.34**	**2378.50**
沙市区	1.79		0.20		1.79		0.20	
荆州区	22.08	3.09	0.24	8.00	22.08	3.09	0.24	8.00
公安县	24.60	0.15	0.56	29.91	24.47	0.11	0.50	28.42
江陵县	140.74		40.66	2032.01	140.74		40.66	2032.01
石首市	24.99	0.59	1.18	122.35	24.84	0.57	1.16	120.35
洪湖市	16.28	0.28	1.46	170.35	16.28	0.28	1.46	170.35
松滋市	273.23	0.97	0.13	18.35	273.22	0.97	0.13	19.37
黄冈市	**292.76**	**53.79**	**29.16**	**4153.15**	**263.61**	**51.66**	**28.51**	**4153.15**

续表

行 政 区	实物工程量：本年计划				实物工程量：本年完成			
	土方 /万 m^3	石方 /万 m^3	混凝土 /万 m^3	金属结构 /t	土方 /万 m^3	石方 /万 m^3	混凝土 /万 m^3	金属结构 /t
市辖区	1.14	1.36	1.96	5.60	1.11	1.21	1.33	5.60
黄州区	78.74	3.25	3.79	10.97	78.74	3.25	3.79	10.97
团风县	30.00	5.00			10.00	5.00		
红安县	49.87	11.18	11.99	4024.70	40.75	9.18	11.97	4024.70
黄梅县	35.00	3.75	8.40	5.50	35.00	3.75	8.40	5.50
麻城市	95.00	29.25	2.72	16.38	95.00	29.25	2.72	16.38
龙感湖管理区	3.00		0.30	90.00	3.00	0.02	0.30	90.00
咸宁市	**533.48**	**73.15**	**24.00**	**19529.95**	**537.03**	**70.79**	**24.31**	**19788.87**
市辖区	81.01	4.51	3.28	3100.50	76.21	3.31	2.78	3100.10
嘉鱼县	91.67	17.66	5.71	2152.45	101.67	17.70	5.54	2102.45
通城县	200.45	0.12	0.20		201.25	0.32	0.55	2.00
崇阳县	26.17	10.53	7.38		26.17	10.53	7.38	
通山县	42.50	38.30	6.72	14257.00	42.50	38.30	6.72	14257.00
赤壁市	91.68	2.03	0.71	20.00	89.23	0.63	1.34	327.32
随州市	**84.46**	**11.48**	**0.70**	**13.22**	**95.67**	**12.61**	**0.89**	**22.72**
曾都区	8.66	0.48	0.70	13.22	19.87	1.61	0.89	22.72
广水市	75.80	11.00			75.80	11.00		
恩施土家族苗族自治州	**105.10**	**38.32**	**15.53**	**413.30**	**105.99**	**38.54**	**15.53**	**413.30**
恩施市	3.69	0.48	2.10	98.43	3.69	0.48	2.10	98.43
利川市	5.58	2.42	0.39	49.47	5.58	2.42	0.39	49.47
建始县	20.07	17.24	2.08	132.69	20.07	17.24	2.08	132.69
巴东县	31.28	6.20	1.30	44.16	32.16	6.42	1.30	44.16
宣恩县	3.55	3.09	0.29	55.04	3.55	3.09	0.29	55.04
咸丰县	30.24	7.07	8.02	14.00	30.24	7.07	8.02	14.00
来凤县	6.88	0.95	0.96	19.51	6.89	0.95	0.96	19.51
鹤峰县	3.81	0.87	0.39		3.81	0.87	0.39	
省直管	**3272.91**	**59.00**	**305.38**	**17784.83**	**3206.13**	**61.02**	**305.49**	**17817.37**
仙桃市	441.27	16.90	16.85	1968.74	419.64	16.69	16.28	1892.34
潜江市	64.99	6.30	7.32	2471.24	59.04	6.17	7.08	2169.32
天门市	866.09	8.76	21.43	205.00	782.93	8.76	21.43	205.00
厅直单位	1900.56	27.04	259.78	13139.85	1944.52	29.40	260.70	13550.71

5-15　2020—2022年水利投资建设项目数量（按市县分）

单位：个

行　政　区	2020年			2021年			2022年		
	上报项目数量	在建项目数量	全部投产项目数量	上报项目数量	在建项目数量	全部投产项目数量	上报项目数量	在建项目数量	全部投产项目数量
湖北省	**1529**	**595**	**391**	**1772**	**936**	**453**	**2241**	**1549**	**1042**
武汉市	**70**	**26**	**3**	**106**	**51**	**14**	**163**	**86**	**45**
市辖区	18	10	1	16	2		25	8	2
东西湖区	2			4	3	2	9	4	
汉南区	2	1		9	4	1	9	6	2
蔡甸区	9	1		13			34	9	5
江夏区	11	5	1	20	11	2	35	22	12
黄陂区	14	5		12	1		18	4	2
新洲区	13	3	1	31	30	9	29	29	22
东湖新技术开发区	1	1		1			4	4	
黄石市	**53**	**30**	**14**	**54**	**44**	**40**	**67**	**54**	**46**
市辖区	10	3		15	15	15	21	20	19
西塞山区	2	2		2	2	2	1	1	1
下陆区	2	1	1						
铁山区	2	2							
阳新县	19	16	13	20	12	12	20	15	11
大冶市	18	6		17	15	11	25	18	15
十堰市	**128**	**42**	**26**	**155**	**122**	**52**	**208**	**150**	**126**
市辖区	15	4	4	22	22	11	26	14	12
茅箭区	6	1	1	7	7	4	7	5	4
张湾区	6			4	4	4	10	6	4
郧阳区	19	9	6	22	12	2	31	21	16
郧西县	14	5	5	20	12	9	27	19	17
竹山县	17	5		18	17	1	23	23	22
竹溪县	17	7		21	20	2	27	13	6
房县	17	8	8	21	21	15	25	25	23
丹江口市	17	3	2	20	7	4	32	24	22
宜昌市	**170**	**56**	**33**	**215**	**151**	**74**	**218**	**175**	**81**
市辖区	16	3	3	22	12	5	14	10	
西陵区	3			2	2	2	2	2	2
伍家岗区	2			3	2	1	9	7	5

续表

行　政　区	2020 年			2021 年			2022 年		
	上报项目数量	在建项目数量	全部投产项目数量	上报项目数量	在建项目数量	全部投产项目数量	上报项目数量	在建项目数量	全部投产项目数量
点军区	4			9	9	6	8	5	3
猇亭区	3	1		3	3	3	6	4	2
夷陵区	16	4	4	19	18	14	23	11	8
远安县	16	3	1	15	9	4	16	10	3
兴山县	16	4		20	14	2	26	26	12
秭归县	13	13	6	21	21		18	18	3
长阳土家族自治县	13	3	3	19	14	10	22	21	18
五峰土家族自治县	16	5	2	17	15	5	18	17	4
宜都市	19	4	2	19	16	8	17	17	9
当阳市	17	12	12	22	8	7	25	15	6
枝江市	16	4		24	8	7	14	12	6
襄阳市	**126**	**72**	**68**	**159**	**89**	**55**	**253**	**252**	**215**
市辖区	13	4	3	17	11	5	31	31	23
襄城区	4	4	3	2	2	2	12	12	11
樊城区	3	3	1	4	2	1	8	8	8
襄州区	14	8	8	19	9	4	43	43	40
南漳县	15	6	6	18	6	3	22	21	19
谷城县	15	6	6	16	10	6	23	23	21
保康县	15	15	15	20	20	16	28	28	25
老河口市	13	6	6	20	11	6	26	26	26
枣阳市	19	9	9	20	14	11	38	38	27
宜城市	15	11	11	23	4	1	22	22	15
鄂州市	**38**	**13**		**27**	**7**	**1**	**37**	**10**	
市辖区	22	11		14	4		25	8	
梁子湖区	6	1		4	1		4		
华容区	4			4	1		5	2	
鄂城区	6	1		5	1	1	3		
荆门市	**104**	**33**	**21**	**107**	**52**	**33**	**130**	**80**	**57**
市辖区	15	4	3	14	6	3	16	9	7
东宝区	18	6	1	15	7	6	12	3	3
屈家岭管理区	4	1	1	5	1	1	7	1	1
掇刀区	5	2	2	5	2	1	16	13	13
京山市	18	3	3	21	14	11	28	19	14

续表

行 政 区	2020年			2021年			2022年		
	上报项目数量	在建项目数量	全部投产项目数量	上报项目数量	在建项目数量	全部投产项目数量	上报项目数量	在建项目数量	全部投产项目数量
沙洋县	22	7	5	22	7	1	24	13	9
钟祥市	22	10	6	25	15	10	27	22	10
孝感市	**119**	**29**	**22**	**108**	**27**	**17**	**133**	**70**	**42**
市辖区	16	5	5	11	2		18	9	
孝南区	10	2	2	13	6	6	19	8	8
孝昌县	14	2	2	13	2	2	14	3	3
大悟县	15	4	2	16	8	5	19	11	11
云梦县	13	2	2	8	2		15	15	10
应城市	18	6	6	15	4	4	14	3	
安陆市	17	4		14	1		14	14	10
汉川市	16	4	3	18	2		20	7	
荆州市	**123**	**54**	**39**	**138**	**41**	**25**	**186**	**113**	**63**
市辖区	16	2	2	14			16		
沙市区	4	4	1	2	2	1	5	4	2
荆州区	10	2	2	10	2		17	16	4
公安县	15	4	4	15	2	2	17	7	2
监利市	10	9		14	2	2	22	19	10
江陵县	16	4	3	18	11	5	19	9	6
石首市	18	18	16	23	6	2	33	16	10
洪湖市	19	8	8	20	3		25	25	25
松滋市	15	3	3	22	13	13	32	17	4
黄冈市	**213**	**118**	**95**	**249**	**177**	**69**	**296**	**254**	**148**
市辖区	17	9	4	14	8	5	16	16	4
黄州区	16	6	3	18	12	10	27	18	13
团风县	20	20	18	23	20	2	37	37	29
红安县	22	12	12	21	12	11	25	13	10
罗田县	20	8	8	26	12	11	21	21	16
英山县	17	11	8	20	4	2	21	21	19
浠水县	20	20	20	28	27	1	29	19	7
蕲春县	20	4	4	21	11	11	27	16	11
黄梅县	21	14	8	20	18	12	26	26	19
麻城市	17	4	2	34	30	3	35	35	19
武穴市	23	10	8	22	22	1	30	30	

续表

行　政　区	2020 年			2021 年			2022 年		
	上报项目数量	在建项目数量	全部投产项目数量	上报项目数量	在建项目数量	全部投产项目数量	上报项目数量	在建项目数量	全部投产项目数量
白莲河示范区				2	1				
龙感湖管理区							2	2	1
咸宁市	**112**	**27**	**16**	**139**	**51**	**12**	**150**	**86**	**68**
市辖区	9	1	1	6	2	1	13	8	7
咸安区	17	4		22	9	1	19	10	8
嘉鱼县	14	2		21	6	1	23	12	10
通城县	19	7	7	21	9	3	22	13	11
崇阳县	16	5	2	21	9	3	24	14	13
通山县	17	3	2	25	8	1	21	11	5
赤壁市	20	5	4	23	8	2	28	18	14
随州市	**57**	**24**	**18**	**69**	**24**	**15**	**74**	**41**	**33**
市辖区	14	7	7	14	5		15	6	5
曾都区	15	7	6	18	10	10	16	8	5
随县	16	8	3	19	7	4	23	14	10
广水市	12	2	2	18	2	1	20	13	13
恩施土家族苗族自治州	**134**	**14**	**7**	**131**	**36**	**18**	**156**	**42**	**24**
恩施市	17	2	2	15	5		19	6	4
利川市	17	2	2	18	5	5	23	5	4
建始县	15	3	1	18	7	2	19	7	3
巴东县	19	4		20	7	3	20	4	2
宣恩县	17	1		14	2	1	17	5	3
咸丰县	14			13	5	2	17	4	
来凤县	15	1	1	15	4	4	17	6	5
鹤峰县	15			12	1	1	15	5	3
州直	5	1	1	6			9		
省直管	**82**	**57**	**29**	**115**	**64**	**28**	**170**	**136**	**94**
仙桃市	16	5	5	28	16	3	32	24	23
潜江市	22	12	7	21	15	11	30	20	14
天门市	16	16	2	21	5		37	35	20
神农架林区	10	10	9	10	10	9	19	19	19
厅直单位	18	14	6	35	18	5	52	38	18

主要指标解释

【项目计划总投资】建设项目或企业、事业单位中的建设工程，按照总体设计规定的内容全部建成计划需要（或按设计概算或预算）的总投资。一般应采用上级批准的计划总投资，在计划总投资有调整，并经上级批准后，应填报批准后的调整数字；无上级批准时，采用上报的计划总投资；前两者都没有的，填报年内施工工程计划总投资。

按投资来源划分为中央政府投资、地方政府投资、企业和私人投资、利用外资、国内贷款、债券和其他投资。

（1）中央政府投资：中央政府对项目建设进行的投资，主要包括中央预算内投资、中央财政资金、重大水利工程建设基金、特别国债等。

（2）地方政府投资：地方政府（省、地市、县政府）对项目建设进行的投资。主要包括地方财政性资金、地方政府一般债券、地方政府专项债券、特别国债、水利建设基金、重大水利工程建设基金等。

（3）企业和私人投资：企业、私人以自己名义投入的各类资金。

（4）利用外资：报告期内收到的境外（包括外国及港澳台地区）资金（包括设备、材料、技术在内），包括对外借款（外国政府贷款、国际金融组织贷款、出口信贷、外国银行商业贷款、对外发行债券和股票）、外商直接投资、外商其他投资（包括补偿贸易、加工装配由外商提供的设备价款、国际租赁和外商投资收益的再投资资金），不包括我国自有外汇资金（国家外汇、地方外汇、留成外汇、调剂外汇和中国境内银行自有资金发放的外汇货款等）。各类外资按报告期的外汇牌价（中间价）折成人民币计算。

（5）国内贷款：报告期内固定资产投资项目单位向银行及非银行金融机构借入用于固定资产投资的各种国内借款，包括银行利用自有资金及吸收存款发放的贷款、上级拨入的国内贷款、国家专项贷款、地方财政专项资金安排的贷款、国内储备贷款、周转贷款等。

（6）债券：企业或金融机构为筹集用于固定资产投资的资金向投资者出具的承诺按一定发行条件还本付息的债务凭证，主要包括企业债券，是工商企业依照法定程序发行的债券。公司债券的发行主体可以是股份公司也可以是非股份公司，可以是上市公司也可以是非上市公司，包括依据《企业债券管理条例》发行的企业债券、依据《中华人民共和国公司法》发行的上市公司债券、依据中国人民银行规章发行的中期票据等。

（7）其他投资：在报告期内收到的除以上各种资金之外的用于水利建设的资金，包括社会集资、无偿捐赠的资金及其他单位拨入的资金等。

【自开工累计完成投资】项目从开始建设至报告期末累计完成的全部投资额，应以项目实际的合同价格或中标价格为依据计算填报。计算范围原则上应与“项目计划总投资”包括的工程内容相一致。报告期以前已建成投产或停、缓建工程完成的投资以及拆除、报废工程的投资，仍应包括在内。

【本年完成投资】当年完成的全部投资额，应以项目实际的合同价格或中标价格为依据计算填

报。本年完成投资需按构成分为建筑工程投资、安装工程投资、工器具设备购置和其他费用。本年完成投资按用途分为以下几种。①防洪工程投资：是指用于防洪工程建设所完成的投资，包括以防洪工程为主的水库、堤防加固、河道治理、蓄滞洪区建设等工程性建设投资和防汛调度、防洪保险、预警系统等非工程设施投资；②灌溉工程投资：是指用于灌溉工程建设所完成的投资，包括以灌溉工程为主的水库、灌区、引水枢纽、渠道、土地平整等工程投资；③除涝工程投资：是指用于除涝工程建设所完成的投资。包括排水渠道、排水闸等工程投资；④供水工程投资：是指用于城镇、农村、工业供水工程建设所完成的投资，包括以供水为主的水库工程投资，不包括用于农业灌溉的引水工程投资；⑤发电工程投资：是指用于水电工程建设所完成的投资，包括水电站工程的主体工程、临时工程、征地移民、电网建设投资，也包括综合利用水利枢纽工程中的电站厂房、电站设备、电站安装工程投资等；⑥水土保持及生态工程投资：是指用于水土保持工程建设所完成的投资，包括大江大河中上游水土保持、重点治理区及小流域治理投资等；⑦机构能力建设：是指用于机构能力建设所完成的投资，包括房屋建设和科研设备购置等；⑧项目前期工作：是指用于工程勘察设计，项目建议书、可行性研究报告、初步设计报告编制，项目审批前置要件办理等前期工作所完成的投资；⑨其他：是指除上述用途之外的其他工程建设所完成的投资，包括水利企事业单位用于发展旅游、水产等的设施投资。

综合利用水库工程一般同时发挥多项效益，根据该工程规划立项时的投资分摊比例计算其分别列入防洪、灌溉、水电、供水内的投资完成额。

【自开工累计新增固定资产】建设项目在“自开始建设至报告期末累计完成投资”中已交付使用的固定资产价值，包括已经建成投产或交付使用的工程投资和达到固定资产标准的设备、工具、器具的投资，以及应摊入固定资产的费用。属于增加固定资产价值的其他建设费用，应随同交付使用的工程一并计入新增固定资产投资。投资包干节余和国内贷款利息也应计入新增固定资产价值中。它是自开始建设累计完成投资中开始发挥效益的部分，是反映整个建设项目的建设进度和建设成果的指标。

【本年新增固定资产】在报告期内已经完成建造和购置过程，并已交付生产或使用单位的固定资产的价值，包括已经建成投入生产或交付使用的工程投资和达到固定资产标准的设备、工具、器具的投资及有关应摊入的费用。属于增加固定资产价值的其他建设费用，应随同交付使用的工程一并计入新增固定资产。

固定资产投资是指建造和购置固定资产的经济活动，固定资产投资额是以货币表现的建造和购置固定资产活动的工作量，它是反映固定资产投资规模、速度、比例关系和使用方向的综合性指标。不属于固定资产的包括：①流动资产；②消耗品，如办公耗材（低值易耗品）等；③投资品，如股票（或股权）、期货、金融衍生产品等；④消耗性生物资产；⑤发放给农户的货币补贴，如美丽乡村、新农村建设等项目中的补贴。

相关支出在会计上作为成本费用处理的建设活动不增加新的固定资产。一般包括大修理、养护、维护性质的工程，如设备维修、建筑物翻修和加固、单纯装饰装修、农田水利工程（堤防、水库）维修、铁路大修、道路日常养护、景观维护等。这类建设活动未替换原有的固定资产，也没有增加新的固定资产。

【实物工程量】实物工程量是以自然物理计量单位表示的水利工程建设完成的各种工程数量，是计算工作量的依据，是反映水利基本建设成果、考核工程进度的重要指标之一。

（1）土方：水利工程建设中土方的开挖、回填、填筑的数量。包括土坝填筑、灌区渠道、防洪堤防等土方。如监理月报中只有土石方的开挖、回填等数据，则全部计入“土方”中，“石方”则不计入。

（2）石方：水利工程建设中石方开挖、石方回填、石方砌筑（包括干砌石和浆砌石）、抛石护岸等，包括水库大坝、渠道及堤防建筑物中的石方等。

（3）混凝土：水利工程建设中浇筑、衬砌的混凝土的数量，包括水库混凝土大坝、渠道及堤防建筑物中的混凝土等。

（4）金属结构：用钢材建造建筑物各部位承重和非承重构件。金属结构构件工程量主要包括钢柱、钢屋架、钢檩条、钢支撑、吊车梁、天窗架、钢门、钢窗、钢栏杆工程量等。

六、水利服务业

SHUI LI FU WU YE

图片来源：湖北省水利水电科学研究院实景

6-1 2022年水利服务业单位基本情况

单位主要特征	单位数量/个	年末从业人数/人	年末在岗职工人数/人	年末资产合计/亿元	固定资产原价/亿元	年末负债合计/亿元	年末净资产（所有者权益）合计/亿元
总计	**1947**	**45132**	**39512**	**1680.27**	**531.45**	**553.74**	**1126.55**
一、按机构类型分	**1947**	**45132**	**39512**	**1680.27**	**531.45**	**553.74**	**1126.55**
企业	191	10702	8916	662.71	302.29	423.92	238.79
公益一类事业单位	1034	20403	18212	510.97	146.79	50.55	460.42
公益二类事业单位	221	6000	5174	124.35	52.26	22.61	101.74
其他事业单位	218	3272	2728	16.83	11.26	5.67	11.15
机关	116	4097	3860	364.64	18.22	50.35	314.29
社会团体	104	523	520		0.09	0.02	
其他组织机构	63	135	102	0.77	0.55	0.63	0.14
二、单位类型分	**1947**	**45132**	**39512**	**1680.27**	**531.45**	**553.74**	**1126.55**
政府水行政管理单位	155	5002	4639	390.66	21.93	52.35	338.31
流域管理机构	21	414	265	15.65	0.65	0.73	14.91
水文事业单位	20	1181	1181	6.98	11.83	0.52	6.46
水土保持单位	57	596	527	9.27	0.45	1.37	7.90
水资源管理与保护单位	29	454	408	132.88	2.27	35.10	97.78
水政监察单位	89	1346	1306	10.41	1.19	0.53	9.89
水利建设管理单位	40	1289	1105	206.29	50.14	28.10	178.19
水利规划设计咨询单位	11	160	146	0.65	0.17	0.41	0.24
其他事业单位	145	2363	2067	23.30	13.64	4.63	18.67
市县水利局派出的乡镇水利站	335	1333	1230	2.67	3.00	0.42	2.25
乡镇府内部的乡镇水利站	40	86	83	0.03	0.03	0.01	0.02
水利建设项目法人单位	2	56	56		0.07		
水库枢纽管理单位	237	6235	5016	98.62	49.35	15.46	83.16
灌区管理单位	45	1627	1348	51.79	20.20	3.10	48.68
河道堤防管理单位	150	6159	5528	56.49	14.93	5.79	50.70
水闸管理单位	18	324	284	1.25	1.75	0.14	1.11
泵站管理单位	136	3196	2974	22.57	33.52	2.14	20.44
引调水管理单位	6	134	134	75.51	0.21	2.63	72.88
其他水利设施管理单位	58	327	305	12.43	0.90	0.56	11.87
水利勘测设计等技术咨询单位	27	1130	1087	15.78	1.33	8.99	6.80
水利工程供水单位	14	521	485	6.31	6.01	0.93	5.38
水利（水电）投资单位	3	160	160	1.23	0.48	0.29	0.94
水利工程维修养护单位	16	314	300	15.70	2.54	0.60	15.10
水利工程建设监理单位	2	96	96	0.30	0.03	0.17	0.13
其他水利经营单位	36	770	679	10.94	4.03	6.36	4.57
水电生产单位	34	1308	831	15.14	11.73	9.33	5.80
自来水生产配送单位（包括城镇自来水厂及农村集中式供水工程管理单位）	64	4443	4162	142.46	133.26	124.26	18.21
污水处理单位	1	18	18	0.04		0.01	0.03
水务投资公司	4	1460	1407	334.33	142.41	235.35	98.98
水利水电施工企业	22	1944	1029	19.06	1.84	12.71	6.35
水利社会团体	87	511	501	0.03	0.12	0.04	0.01
其他水利组织	43	175	155	1.50	1.47	0.72	0.78

6-2　2022年水利服务业单位基本情况（按市县分）

行政区	2020年			2021年			2022年		
	单位数量/个	年末从业人数/人	其中：在岗职工人数	单位数量/个	年末从业人数/人	其中：在岗职工人数	单位数量/个	年末从业人数/人	其中：在岗职工人数
湖北省	**2030**	**48078**	**41542**	**1977**	**46306**	**40419**	**1947**	**45132**	**39512**
武汉市	**186**	**9090**	**8298**	**172**	**9000**	**8254**	**172**	**8939**	**8198**
市辖区	17	5377	5021	17	5402	5057	17	5501	5152
江岸区	4	135	135	4	135	135	4	121	121
江汉区	5	81	81	5	80	80	5	80	80
硚口区	3	138	135	3	108	104	3	103	102
汉阳区	6	148	136	6	147	136	6	143	132
武昌区	8	237	237	8	237	237	8	237	237
青山区	6	131	131	6	139	139	6	135	135
洪山区	8	231	231	8	237	237	8	239	239
东西湖区	11	404	350	11	404	350	11	404	350
汉南区	1	130	79	1	179	91	1	180	83
蔡甸区	32	360	360	23	309	309	23	303	303
江夏区	16	261	245	11	181	168	11	169	169
黄陂区	21	502	463	21	546	514	21	456	423
新洲区	43	841	586	43	783	590	43	760	570
东湖新技术开发区	3	50	44	3	50	44	3	50	44
化学工业区	2	64	64	2	63	63	2	58	58
黄石市	**48**	**986**	**945**	**48**	**1032**	**991**	**41**	**748**	**741**
市辖区	13	285	285	13	285	285	8	165	165
黄石港区	1	11	11	1	11	11	1	11	11
西塞山区	1	15	15	1	15	15	1	15	15
下陆区	1	15	15	1	15	15	1	15	15
铁山区	1	15	15	1	15	15	1	15	15
阳新县	16	481	440	16	482	441	14	333	326
大冶市	15	164	164	15	209	209	15	194	194
十堰市	**113**	**2434**	**2320**	**109**	**1613**	**1508**	**103**	**1384**	**1357**
市辖区	7	170	168	7	168	166	7	173	173
茅箭区	2	23	23	2	22	22	2	20	20
张湾区	6	23	23	6	24	24	6	23	23
郧阳区	32	444	365	32	444	362	26	216	218
郧西县	19	155	155	19	152	152	19	150	150

续表

行政区	2020年			2021年			2022年		
	单位数量/个	年末从业人数/人	其中：在岗职工人数	单位数量/个	年末从业人数/人	其中：在岗职工人数	单位数量/个	年末从业人数/人	其中：在岗职工人数
竹山县	9	130	130	9	127	127	9	122	122
竹溪县	11	1059	1039	7	267	247	7	267	247
房县	13	132	132	13	132	132	13	132	132
丹江口市	14	298	285	14	277	276	14	281	272
宜昌市	**202**	**2257**	**2222**	**204**	**2227**	**2319**	**202**	**2657**	**2569**
西陵区	6	394	386	6	380	380	6	373	373
伍家岗区	11	197	197	11	199	199	11	191	191
点军区	2	20	20	2	26	26	2	26	26
猇亭区	2	23	12	2	23	12	2	21	10
夷陵区	15	94	94	17	116	233	17	129	129
远安县	14	84	84	14	84	84	14	84	84
兴山县	25	69	69	25	66	66	25	79	70
秭归县	20	170	170	20	169	169	20	177	177
长阳土家族自治县	21	202	188	21	202	188	21	214	200
五峰土家族自治县	16	77	77	16	77	77	16	61	61
宜都市	7	368	368	7	338	338	7	308	308
当阳市	43	367	365	43	330	330	43	770	770
枝江市	20	192	192	20	217	217	18	224	170
襄阳市	**253**	**4351**	**3532**	**238**	**3869**	**3030**	**238**	**3695**	**2907**
襄城区	5	85	63	5	83	62	5	83	62
樊城区	18	116	104	12	100	90	11	96	86
襄州区	35	736	448	34	733	445	34	726	438
南漳县	29	483	443	23	302	276	23	274	257
谷城县	30	418	372	30	364	347	30	344	328
保康县	17	175	120	17	179	117	17	164	114
老河口市	26	432	417	26	321	259	26	321	259
枣阳市	46	366	166	46	366	166	46	366	166
宜城市	29	474	451	30	410	390	31	401	385
市辖区	18	1066	948	15	1011	878	15	920	812
鄂州市	**54**	**921**	**880**	**54**	**860**	**840**	**54**	**833**	**820**
市辖区	16	587	546	16	550	530	16	521	508
梁子湖区	9	106	106	9	101	101	9	101	101
华容区	13	162	162	13	148	148	13	147	147
鄂城区	16	66	66	16	61	61	16	64	64

续表

行政区	2020年			2021年			2022年		
	单位数量/个	年末从业人数/人	其中：在岗职工人数	单位数量/个	年末从业人数/人	其中：在岗职工人数	单位数量/个	年末从业人数/人	其中：在岗职工人数
荆门市	**78**	**1581**	**1367**	**78**	**1473**	**1311**	**78**	**1391**	**1309**
市辖区	14	404	400	14	358	354	14	357	356
东宝区	14	69	69	14	71	71	14	70	71
掇刀区	5	47	41	5	46	41	5	46	41
京山市	11	173	168	11	162	157	11	149	149
沙洋县	14	181	181	14	169	159	14	161	150
钟祥市	19	703	504	19	663	525	19	604	538
屈家岭管理区	1	4	4	1	4	4	1	4	4
孝感市	**110**	**2381**	**1920**	**109**	**2142**	**1842**	**109**	**2014**	**1701**
市辖区	12	342	342	11	309	309	11	303	303
孝南区	25	310	257	25	294	242	26	294	222
孝昌县	12	130	130	12	147	147	12	147	147
大悟县	20	497	214	20	478	253	20	437	202
云梦县	5	410	312	5	236	236	5	235	235
应城市	16	168	168	16	169	169	16	153	153
安陆市	12	162	151	12	147	140	12	137	131
汉川市	8	362	346	8	362	346	7	308	308
荆州市	**314**	**6466**	**5444**	**310**	**6486**	**5451**	**308**	**6396**	**5400**
市辖区	38	3427	2681	38	3427	2681	38	3427	2681
沙市区	8	83	83	8	80	80	8	80	80
荆州区	20	228	228	20	231	231	20	229	229
公安县	32	474	420	32	496	429	32	458	422
监利市	19	435	435	19	435	435	19	435	435
江陵县	29	231	231	27	205	205	27	199	199
石首市	33	304	294	32	349	339	32	335	333
洪湖市	91	714	502	91	714	502	91	714	502
松滋市	44	570	570	43	549	549	41	519	519
黄冈市	**263**	**5634**	**3924**	**260**	**5836**	**4184**	**260**	**5841**	**4161**
市辖区	5	116	116	5	117	117	5	117	117
黄州区	11	160	155	11	145	141	11	142	138
团风县	18	274	257	18	274	257	18	274	257
红安县	28	944	582	29	764	537	29	764	537
罗田县	14	411	277	14	411	282	14	411	280
英山县	32	493	333	32	493	333	32	493	333

续表

行　政　区	2020年			2021年			2022年		
	单位数量/个	年末从业人数/人	其中：在岗职工人数	单位数量/个	年末从业人数/人	其中：在岗职工人数	单位数量/个	年末从业人数/人	其中：在岗职工人数
浠水县	23	1348	688	22	1233	565	22	1233	565
蕲春县	38	813	624	38	788	579	38	784	549
黄梅县	28	343	339	28	343	339	28	343	339
麻城市	43	183	60	40	719	541	40	731	553
武穴市	23	549	493	23	549	493	23	549	493
咸宁市	**144**	**1859**	**1482**	**129**	**1636**	**1348**	**129**	**1470**	**1315**
市辖区	7	166	138	3	80	80	3	88	87
咸安区	28	126	126	28	112	112	28	99	99
嘉鱼县	21	200	190	21	184	184	21	166	166
通城县	13	582	324	13	645	391	13	489	377
崇阳县	19	168	134	19	168	134	19	168	134
通山县	20	273	273	20	250	250	20	233	233
赤壁市	36	344	297	25	197	197	25	227	219
随州市	**48**	**1549**	**1095**	**48**	**1424**	**1064**	**49**	**1494**	**1064**
市辖区	8	279	210	8	279	210	8	279	210
曾都区	7	225	194	7	215	185	8	223	189
随县	16	343	280	16	297	281	16	297	281
广水市	17	702	411	17	633	388	17	695	384
恩施土家族苗族自治州	**62**	**1088**	**927**	**63**	**1120**	**977**	**49**	**731**	**708**
州直	9	112	112	9	118	118	7	121	121
恩施市	4	45	45	4	45	45	4	45	45
利川市	5	61	61	5	70	70	5	65	65
建始县	6	53	53	7	60	60	6	48	48
巴东县	19	212	190	19	212	190	19	212	190
宣恩县	15	115	115	15	115	115	4	60	60
咸丰县	2	106	106	2	110	110	2	107	107
来凤县	1	372	233	1	372	251	1	53	53
鹤峰县	1	12	12	1	18	18	1	20	19
省直管	**155**	**7481**	**7186**	**155**	**7588**	**7300**	**155**	**7539**	**7262**
仙桃市	35	600	570	35	600	570	36	594	572
潜江市	26	486	351	26	469	351	26	461	339
天门市	46	552	545	46	544	532	46	541	533
神农架林区	3	19	19	3	19	19	3	19	19
厅直单位	45	5824	5701	45	5956	5828	44	5924	5799

主要指标解释

一、执行会计制度类别

执行会计制度分为执行企业会计制度、事业单位会计制度、行政单位会计制度和其他四类。限能够独立核算的单位填写本项。

（1）执行企业会计制度：执行工业企业会计制度、施工企业会计制度、运输（交通）企业会计制度、运输（铁路）企业会计制度、运输（民用航空）企业会计制度、公路经营企业会计制度、邮电通信企业会计制度、农业企业会计制度、国有林场和苗圃会计制度、国有农牧渔良种场会计制度、水利工程管理单位会计制度、商品流通企业会计制度、旅游、饮食服务企业会计制度、金融企业会计制度、城市合作银行会计制度、保险公司会计制度、股份有限公司会计制度、对外经济合作企业会计制度等的企业（单位）选填此项，包括实行企业化管理、执行企业会计制度的事业单位。

（2）事业单位会计制度：执行事业会计制度的各类事业单位选填此项，包括执行特殊行业会计制度的事业单位（如执行科学事业单位会计制度、中小学校会计制度、高等学校会计制度、医院会计制度、测绘事业单位会计制度、国家物资储备资金会计制度等）以及执行事业会计制度的社会团体。

（3）行政单位会计制度：执行行政会计制度的单位选填此项，包括各类行政机关、党政机关及执行行政会计制度的社会团体。

（4）民间非营利组织会计制度：执行民间非营利组织会计制度的单位选填此项，包括执行民间非营利组织会计制度的社会团体、基金会、民办非企业单位和寺院、宫、观、清真寺、教堂等。

（5）其他：不执行以上四类会计制度的单位选填此项。社区（居委会）、村委会选填此项。

单位从业人员：是指在本单位工作并取得劳动报酬或收入的年末实有人员数。期末从业人员包括在各单位工作的外方人员和港澳台人员、兼职人员、再就业的离退休人员、借用的外单位人员和第二职业者，但不包括离开本单位仍保留劳动关系的职工。所有法人单位均填写本项。

二、水利行政事业单位财务状况指标解释

（1）资产总计：资产是指行政、事业单位占有或者使用的，能以货币计量的经济资源，包括流动资产、固定资产、债权和其他权利。行政单位的资产主要包括流动资产、固定资产等。事业单位的资产按其流动性分为流动资产、固定资产、无形资产、对外投资等。此指标取自“资产负债表”资产合计的期末数。

（2）固定资产原价：指使用年限在一年以上，单位价值在规定标准以上，并在使用过程中基本保持原来物质形态的资产，包括房屋和建筑物、专用设备、一般设备、文物和陈列品、图书、其他固定资产等。根据部门决算“资产负债表”中的固定资产有关项目的年末数填报。

（3）负债合计：负债是指单位所承担的能以货币计量，需以资产或劳务偿付的债务。此指标取自会计“资产负债表”中的“负债合计”的期末数。

（4）净资产合计：为资产减去负债。根据单位“资产负债表”中的“净资产合计”的期末数填列。

三、水利企业财务状况指标解释

（1）资产合计：资产是指企业拥有或控制的能以货币计量的经济资源，包括各种财产、债权和其他权利。资产按其流动性（即资产的变现能力和支付能力）划分为：流动资产、长期投资、固定资产、无形资产和其他资产。根据会计“资产负债表”中“资产合计”项的年末数填列。

（2）固定资产原价：是指固定资产的成本，包括企业在购置、自行建造、安装、改建、扩建、技术改造某项固定资产时所支出的全部支出总额。根据会计“固定资产”中科目的期末借方余额填报。

（3）固定资产折旧：是指对固定资产由于磨损和损耗而转移到产品中去的那一部分价值的补偿。一般根据固定资产原值（原价）（选用双倍余额递减法计提折旧的企业，为固定资产账面净值）和确定的折旧率计算。“累计折旧”：是指企业在报告期末提取的历年固定资产折旧累计数。根据会计“资产负债表”附表中“累计折旧”项的年末数填列。“本年折旧”：是指企业在报告期内提取的固定资产折旧合计数。根据会计“财务状况变动表”中“固定资产折旧”项的数值填列。若企业执行 2001 年《企业会计制度》，根据会计核算中“资产减值准备、投资及固定资产情况表”内“当年计提的固定资产折旧总额”项本年增加数填报。

（4）固定资产净值（账面价值）：是指固定资产原价减去累计折旧和固定资产减值准备累计后的净额。根据会计“资产负债表”中“固定资产净值（账面价值）”项的年末数填列。

四、水利民间非营利组织财务状况指标解释

（1）固定资产原价：是指使用年限在一年以上，单位价值在规定标准以上，并在使用过程中基本保持原来物质形态的资产，包括房屋和建筑物、专用设备、一般设备、文物和陈列品、图书、其他固定资产等。

（2）固定资产原价：项目的期末数填报。

附录

FU LU

图片来源：来凤县塘口水电站实景

附表Ⅰ　湖北省水利统计分区

全省分13个市级水利统计区，117个县级水利统计区（含天门、潜江、仙桃、神农架林区）。

武汉市　共17个统计区

江岸区　江汉区　硚口区　汉阳区　武昌区　青山区　洪山区　东西湖区　汉南区　蔡甸区　江夏区　黄陂区　新洲区　武汉经济技术开发区　东湖生态旅游风景区　东湖新技术开发区　化学工业区

黄石市　共6个统计区

黄石港区　西塞山区　下陆区　铁山区　阳新县　大冶市

十堰市　共9个统计区

茅箭区　张湾区　郧阳区　郧西县　竹山县　竹溪县　房县　丹江口市　武当山特区

宜昌市　共13个统计区

西陵区　伍家岗区　点军区　猇亭区　夷陵区　远安县　兴山县　秭归县　长阳土家族自治县　五峰土家族自治县　宜都市　当阳市　枝江市

襄阳市　共11个统计区

襄城区　樊城区　襄州区　南漳县　谷城县　保康县　老河口市　枣阳市　宜城市　东津区　襄阳经济技术开发区

鄂州市　共3个统计区

梁子湖区　华容区　鄂城区

荆门市　共7个统计区

掇刀区　东宝区　屈家岭管理区　京山市　沙洋县　钟祥市　漳河新区

孝感市　共7个统计区

孝南区　孝昌县　大悟县　云梦县　应城市　安陆市　汉川市

荆州市　共9个统计区

沙市区　荆州区　公安县　监利市　江陵县　石首市　洪湖市　松滋市　荆州市

黄冈市　共13个统计区

黄州区　团风县　红安县　罗田县　英山县　浠水县　蕲春县　黄梅县　麻城市　武穴市　龙感湖管理区　白莲河示范区　黄冈市开发区

咸宁市　共6个统计区

咸安区　嘉鱼县　通城县　崇阳县　通山县　赤壁市

随州市　共4个统计区

曾都区　随县　广水市　随州市开发区

恩施土家族苗族自治州　共8个统计区

恩施市　利川市　建始县　巴东县　宣恩县　咸丰县　来凤县　鹤峰县

省直管　共4个统计区

仙桃市　潜江市　天门市　神农架林区

附表Ⅱ　大型水库

序号	地　　区	县（市、区）	水　库　名　称	所在河流（湖泊）	工程规模
1	黄石市	阳新县	富水水库	富水	大（1）型
2	十堰市	张湾区	湖北省黄龙滩水力发电厂黄龙滩水库	堵河	大（1）型
3	十堰市	竹山县	潘口水利枢纽——水库工程	堵河	大（1）型
4	十堰市	丹江口市	丹江口水利枢纽——水库工程	汉江	大（1）型
5	宜昌市	夷陵区	三峡水利枢纽——水库工程	长江	大（1）型
6	宜昌市	长阳土家族自治县	隔河岩水库	清江	大（1）型
7	荆门市	东宝区	漳河水库	漳河	大（1）型
8	黄冈市	浠水县	白莲河水库	浠水	大（1）型
9	恩施土家族苗族自治州	巴东县	清江水布垭水利枢纽——水库工程	清江	大（1）型
10	恩施土家族苗族自治州	鹤峰县	江坪河水库	溇水	大（1）型
11	武汉市	黄陂区	夏家寺水库	夏家寺河	大（2）型
12	武汉市	黄陂区	梅店水库	梅店河	大（2）型
13	武汉市	新洲区	道观河水库	道观河	大（2）型
14	黄石市	阳新县	王英水库	三溪河	大（2）型
15	十堰市	郧西县	陡岭子水库	金钱河	大（2）型
16	十堰市	郧西县	汉江孤山航电枢纽——水库工程	汉江	大（2）型
17	十堰市	竹山县	龙背湾水库	官渡河	大（2）型
18	十堰市	竹山县	霍河水库	霍河	大（2）型
19	十堰市	竹溪县	鄂坪水利枢纽工程——水库工程	堵河	大（2）型
20	十堰市	竹溪县	白沙河水库	泉河	大（2）型
21	十堰市	房县	三里坪水库	南河	大（2）型
22	宜昌市	西陵区	葛洲坝水利枢纽——水库工程	长江	大（2）型
23	宜昌市	夷陵区	西北口水库	黄柏河	大（2）型
24	宜昌市	兴山县	古洞口一级水库	香溪河	大（2）型
25	宜昌市	宜都市	高坝洲水库	清江	大（2）型
26	宜昌市	当阳市	巩河水库	巩河	大（2）型
27	襄阳市	襄城区	汉江崔家营航电枢纽水库	汉江	大（2）型
28	襄阳市	襄州区	西排子河水库	西排子河	大（2）型
29	襄阳市	襄州区	红水河水库	红水河	大（2）型
30	襄阳市	南漳县	三道河水库	蛮河	大（2）型
31	襄阳市	南漳县	石门集水库	清凉河	大（2）型
32	襄阳市	南漳县	峡口水库	沮漳河	大（2）型
33	襄阳市	南漳县	云台山水库	黑河	大（2）型
34	襄阳市	谷城县	白水峪水库	南河	大（2）型
35	襄阳市	保康县	寺坪水库	南河	大（2）型
36	襄阳市	老河口市	王甫洲水库工程	汉江	大（2）型
37	襄阳市	老河口市	孟桥川水库	孟桥川	大（2）型

基本情况表

特征水位/m						特征库容/万 m^3				
校核洪水位	设计洪水位	防洪高水位	正常蓄水位	防洪限制水位	死水位	总库容	调洪库容	防洪库容	兴利库容	死库容
64.28	62.10	58.60	57.00	55.00	48.00	162100	80800	28100	54800	42100
253.90	252.10		247.00		226.00	122800			51500	42900
360.82	357.14		355.00		330.00	233800		40000	94197	84803
174.35	172.20	171.70	170.00	160.00	150.00	3391000	1408950	1100000	1636000	1269000
180.40	175.00	175.00	175.00	145.00	145.00	4504000	2215000	2215000	2215000	1715000
204.40	203.13	202.00	200.00	193.60	160.00	345400	172100	50000	197500	107700
127.78	125.08	123.92	123.50	122.60	113.00	211300	42100	13900	92400	86200
110.14	108.35	104.90	104.00	103.00	91.00	122800	30000	12800	57200	22800
404.03	402.24	400.00	400.00	391.80	350.00	458000	77000	50000	238300	192900
475.14	471.90	471.90	470.00	459.70	427.00	136600	31000	20000	67800	57800
51.51	50.86	50.54	49.90	49.90	44.87	25350	4300	1706	12060	9000
67.16	66.05		64.26		55.06	16354	4516		8728	3110
86.84	85.04	85.04	78.70	75.70	61.00	10418	4028	3091	5400	990
73.37	71.91		70.00		58.50	58170	10870		24300	23000
274.45	266.41		264.00		242.00	48420			20900	14000
			177.23			21200				
523.89	521.85		520.00		485.00	83000			42360	34340
344.83	341.07	340.50	340.50	337.50	311.00	10383	2049	1040	6725	1609
554.65	550.56		550.00		520.00	30270	18900		15270	11890
448.45	445.33		445.00		423.00	24780	11514		11587	11073
418.57	416.42		416.00		392.00	49900		12100	21100	26100
67.00	66.00		66.00		62.00	74100			8400	60000
328.07	322.55		322.00		267.00	19627			15573	503
333.14	329.64	329.40	325.00	325.00	298.00	14760	6900	1540	6900	4700
82.90	78.30		80.00		78.00	48900			5400	34900
137.48	135.14		135.00		120.00	17323			10536	4166
64.25	63.15		62.73		62.23	24500	4000		4000	20500
114.95	113.75	113.00	111.80	111.00	100.00	22040	9590	5503	12200	233
119.50	118.94	118.91	117.00	117.00	109.00	10360	3930	3043	5890	530
157.46	154.11	154.00	154.00	152.40	112.70	15430	3869	1153	12742	5
200.10	199.20	196.50	195.00	195.00	158.00	15403	3749	996	11469	185
266.47	264.88		264.13		248.13	13600	1036		6328	6236
170.44	168.17	167.41	164.50	163.00	126.89	12300	3200	2900	8900	500
204.50	198.00		198.00		184.00	14800			6068	4740
317.56	315.22		315.00		294.00	26900	2200		14500	10200
89.30	88.11		86.23		85.48	30950	16080		2800	12070
143.81	143.02		143.00		126.00	11280	1975		9740	270

序号	地　区	县（市、区）	水 库 名 称	所在河流（湖泊）	工程规模
38	襄阳市	枣阳市	熊河水库	熊河	大（2）型
39	襄阳市	枣阳市	华阳河水库	华阳河	大（2）型
40	襄阳市	宜城市	莺河一库	莺河	大（2）型
41	荆门市	京山市	惠亭水库	溾水	大（2）型
42	荆门市	京山市	高关水库	大富水	大（2）型
43	荆门市	京山市	郑家河水库	漳水	大（2）型
44	荆门市	钟祥市	温峡口水库	激河	大（2）型
45	荆门市	钟祥市	石门水库	天门河	大（2）型
46	荆门市	钟祥市	黄坡水库	长寿河	大（2）型
47	荆州市	松滋市	洈水水库	洈水	大（2）型
48	荆州市	荆州区	太湖港水库	太湖港	大（2）型
49	黄冈市	团风县	牛车河水库	牛车河	大（2）型
50	黄冈市	红安县	金沙河水库	金沙河	大（2）型
51	黄冈市	红安县	尾斗山水库	鄢家河	大（2）型
52	黄冈市	罗田县	天堂水库	巴水	大（2）型
53	黄冈市	英山县	张家咀水库	西河	大（2）型
54	黄冈市	蕲春县	大同水库	蕲水	大（2）型
55	黄冈市	蕲春县	花园水库	狮子河	大（2）型
56	黄冈市	黄梅县	垅坪水库	垅坪河	大（2）型
57	黄冈市	麻城市	浮桥河水库	浮桥河	大（2）型
58	黄冈市	麻城市	三河口水库	阎家河	大（2）型
59	黄冈市	麻城市	明山水库	白杲河	大（2）型
60	孝感市	孝昌县	观音岩水库	晏家河	大（2）型
61	咸宁市	咸安区	南川水库	淦河	大（2）型
62	咸宁市	嘉鱼县	三湖连江水库	西凉湖	大（2）型
63	咸宁市	崇阳县	青山水库	青山河	大（2）型
64	咸宁市	赤壁市	陆水水库	陆水	大（2）型
65	随州市	曾都区	先觉庙水库	漂水	大（2）型
66	随州市	随县	封江口水库	厥水	大（2）型
67	随州市	随县	黑屋湾水库	溠水	大（2）型
68	随州市	随县	吴山水库	溠水	大（2）型
69	随州市	随县	大洪山水库	府澴河	大（2）型
70	随州市	随县	天河口水库	厥水	大（2）型
71	随州市	广水市	徐家河水库	龙泉河	大（2）型
72	随州市	广水市	花山水库	浉河	大（2）型
73	恩施土家族苗族自治州	恩施市	老渡口水库	马水河	大（2）型
74	恩施土家族苗族自治州	宣恩县	洞坪水库	忠建河	大（2）型
75	恩施土家族苗族自治州	咸丰县	朝阳寺水库	阿蓬江	大（2）型

续表

特征水位/m						特征库容/万 m^3				
校核洪水位	设计洪水位	防洪高水位	正常蓄水位	防洪限制水位	死水位	总库容	调洪库容	防洪库容	兴利库容	死库容
128.19	126.97	126.57	125.00	125.00	113.00	19590	6000	2660	11590	2000
146.81	146.03		144.19		128.69	10700	3470		7080	140
136.78	135.52		132.70		116.20	12166			7631	362
88.67	87.69		84.75		73.00	31300	10700		17350	3250
122.75	121.53	120.65	121.50	118.00	100.50	20108	5517	2906	15432	3089
103.61	103.42		100.30		85.00	17100			11260	708
109.37	107.62	106.00	107.00	105.00	95.00	52030	13200	2800	26900	17630
96.36	94.27	94.17	92.00	91.00	80.00	15910	7750	3840	6910	1250
80.85	79.11	78.78	77.50	76.00	65.50	12561	6199	3225	7025	1010
95.77	95.16	94.38	94.00	93.00	82.50	51160	10560	5040	30900	13300
40.16	39.46		37.74		35.00	12193	8358		2814	1021
77.92	77.21	76.92	76.65	75.60	67.78	10103	1988	1068	5824	3140
72.96	72.39	72.00	71.60	70.60	63.50	18060	2681	704	10644	4736
71.40	70.48		69.50		58.00	10928	2120		7210	1610
302.18	299.23	298.74	298.00	296.00	278.00	15640	2800	1970	9380	2900
255.08	251.76		249.00	249.00	223.00	11040	2427		6866	1747
126.66	124.92	124.10	122.00	122.00	103.50	25536	6006	3670	16035	3495
97.44	95.85	94.18	92.68	92.68	74.18	10020	2820	851	6600	600
77.40	76.10	75.69	73.50	72.00	48.00	13300	3419	1882	9661	220
68.70	68.04		64.89		51.78	53950			27172	2208
155.80	154.99		149.00		124.00	16926	4926		10000	2000
97.41	96.07		93.00		78.00	16870	5100		9700	2100
114.00	112.46		109.50		97.30	10010			4830	2140
111.72	107.90	107.90	104.00	102.00	78.00	11190	3910	770	6520	760
30.07	29.41		28.50		24.00	10580	2359		5651	2570
126.51	125.71	125.08	122.30	122.30	107.00	43000	8260	5460	20840	13900
57.67	56.50	56.00	55.00	53.00	45.00	74200	26500	22900	40800	17300
110.90	109.11		107.00		90.00	24080			15180	990
126.75	125.22		124.00		113.90	25200	6000		13700	5500
121.86	119.45		116.00		104.26	15800	7150		6945	1705
199.20	197.64		195.00		175.80	14370	4330		9697	343
177.62	176.03	175.34	174.00	174.00	159.90	12410	2740	1030	6900	2770
189.90	188.92		185.00		169.50	10290			5450	2210
76.25	75.30		72.00		64.80	73350	29450		29900	14100
242.14	240.35		237.00		200.00	15380			10630	110
484.62	481.41		480.00		457.00	22040			10300	8800
493.98	492.20		490.00		456.00	34300			19130	11700
509.80	509.50		509.50		488.00	12050	162		7900	4000

附表Ⅲ　大型灌区基本情况表

序号	灌区名称	管理单位	设计灌溉面积/亩	有效灌溉面积/亩	受益县（市、区）及有效灌溉面积	
					行政区划	有效灌溉面积/亩
1	漳河灌区	湖北省漳河工程管理局	2405200	1574401	当阳市	124000
					东宝区	141000
					掇刀区	173000
					沙洋县	863000
					钟祥市	138192
					荆州区	135209
2	引丹灌区	襄阳市引丹工程管理局	2100000	1064546	樊城区	133500
					襄州区	622072
					老河口市	308974
3	泽口灌区	仙桃市泽口灌区管理局	2050000	2336095	仙桃市	2015749
					潜江市	320346
4	天门引汉灌区	天门市引汉灌区工程管理处	1599300	1432695	天门市	1432695
5	东风渠灌区	宜昌市东风渠灌区管理局	1162050	972580	猇亭区	480
					夷陵区	217000
					当阳市	258000
					枝江市	497100
6	荆江灌区	公安县荆江灌区管理处	901073	630731	公安县	630731
7	下内荆河灌区	洪湖市下内荆河灌区管理总站	877262	841108	洪湖市	841108
8	兴隆灌区	潜江市兴隆灌区管理局	749000	608915	潜江市	608915
9	观音寺灌区	江陵县观音寺颜家台灌区管理处	691200	871100	沙市区	177198
					江陵县	693902
10	冯家潭灌区	石首市冯家谭泵站	650000	572625	监利县	322307
					江陵县	14048
					石首市	236270
11	徐家河灌区	孝感市徐家河水库管理局	640000	796257	孝南区	17758
					孝昌县	143574
					云梦县	233908
					安陆市	338017
					广水市	63000
12	白莲河灌区	浠水县白莲河灌区管理局	640000	520300	罗田县	5000
					浠水县	400000
					蕲春县	115300
13	随中灌区	随州市随中灌区管理局	620600	530500	曾都区	190500
					随县	340000
14	洪湖隔北灌区	洪湖市隔北灌区管理总站	616900	437760	洪湖市	437760
15	洈水灌区	荆州市洈水工程管理局	520000	326198	公安县	95266
					松滋市	230932
16	王英灌区	湖北省王英水库管理局	496000	225109	江夏区	69739
					阳新县	8544
					大冶市	1826
					咸安区	145000

续表

序号	灌区名称	管 理 单 位	设计灌溉面积/亩	有效灌溉面积/亩	受益县（市、区）及有效灌溉面积	
					行政区划	有效灌溉面积/亩
17	监利隔北灌区	监利县隔北灌区管理所	460600	426264	监利县	426264
18	何王庙灌区	监利县何王庙灌区管理所	432000	370973	监利县	370973
19	大岗坡灌区	枣阳市大岗坡引唐灌溉管理处	425000	329200	襄州区	5200
					枣阳市	324000
20	老江河灌区	监利县灌区管理局	423417	387309	监利县	387309
21	颜家台灌区	江陵县观音寺颜家台灌区管理处	408000	457803	江陵县	457803
22	温峡口灌区	钟祥市温峡口水库管理处	401300	340000	钟祥市	3400003
23	惠亭灌区	京山市惠亭水库管理处	401000	172568	京山市	102000
					应城市	19767
					天门市	50801
24	太湖港灌区	荆州市荆州区太湖港工程管理局	385200	382880	沙市区	99294
					荆州区	283586
25	高关灌区	湖北省高关水库管理局	384000	292147	京山市	107000
					应城市	185147
26	陆水灌区	赤壁市陆水北干渠管理处	381900	252000	赤壁市	252000
27	金檀灌区	红安县金檀灌区管理局	368000	318000	红安县	318000
28	西门渊灌区	监利县西门渊灌区管理所	366000	300357	监利县	300357
29	举水灌区	武汉市新洲区举水灌区管理局	354300	234693	新洲区	234693
30	熊河灌区	枣阳市熊河水库灌区管理处	354000	199000	襄州区	145000
					枣阳市	54000
31	石门灌区	钟祥市石门水库管理处	348000	291736	京山市	34000
					钟祥市	210480
					天门市	47256
32	黑花飞灌区	广水市花飞灌区灌溉管理处	336700	251600	广水市	251600
33	明山灌区	麻城市明山水库管理处	330000	209980	新洲区	25980
					麻城市	184000
34	梅院泥灌区	武汉市黄陂区梅院泥水库管理处	327600	313527	黄陂区	313527
35	孟溪大垸灌区	公安县孟溪大垸灌区管理处	321127	218367	公安县	218367
36	浮桥河水库灌区	麻城市浮桥河水库管理处	319553	258629	新洲区	12527
					麻城市	246102
37	三湖连江灌区	嘉鱼县三湖连江水库管理处	314800	254358	嘉鱼县	254358
38	郑家河灌区	孝感市郑家河水库管理局	310000	466999	京山市	59000
					应城市	105035
					安陆市	301964
					曾都区	1000
39	三道河灌区	襄阳市三道河水电工程管理局	303000	262000	南漳县	54500
					宜城市	207500
40	石台寺灌区	枣阳市石台寺提灌工程管理处	300000	232100	襄州区	2000
					枣阳市	230100

注 有效灌溉面积数据为水利普查成果，即截至2011年的有效灌溉面积。

附表Ⅳ　大型水电站

序号	地　区	县（市、区）	水　电　站　名　称	河流（湖泊）	水电站类型
1	十堰市	张湾区	湖北省黄龙滩水力发电厂黄龙滩水库水电站	堵河	闸坝式水电站
2	十堰市	竹山县	潘口水利枢纽——水电站工程	堵河	闸坝式水电站
3	十堰市	丹江口市	丹江口水利枢纽——水电站工程	汉江	闸坝式水电站
4	宜昌市	西陵区	葛洲坝水利枢纽——水电站工程	长江	闸坝式水电站
5	宜昌市	夷陵区	三峡水利枢纽——水电站工程	长江	闸坝式水电站
6	宜昌市	长阳土家族自治县	隔河岩电站	清江	闸坝式水电站
7	黄冈市	罗田县	白莲水库——抽水蓄能电站工程	如意河	抽水蓄能电站
8	恩施土家族苗族自治州	巴东县	清江水布垭水利枢纽——水电站工程	清江	闸坝式水电站
9	恩施土家族苗族自治州	鹤峰县	江坪河水库水电站	溇水	闸坝式水电站

基本情况表

装机容量/MW	保证出力/MW	额定水头/m	机组台数/台	多年平均发电量/(万kW·h)	水电站管理单位名称
490	50.7	73	4	102980	湖北省黄龙滩水力发电厂
500	86.7	83	2	107850	汉江水电开发有限责任公司
900	247	63.5	6	383000	汉江水利水电（集团）有限责任公司
2735	768	18.6	22	1570000	中国长江电力股份有限公司
22500	5300	85	34	8820000	中国长江三峡集团公司三峡枢纽建设运行管理局
1200	187	103	4	304000	湖北清江水力开发有限责任公司
1200	1080	195	4	96700	湖北白莲抽水蓄能有限公司
1840	312	183.5	4	398400	湖北清江水电开发有限责任公司
450	68.3	153	2	96380	湖北华清电力有限责任公司

附表V　大型泵站

序号	地　区	县（市、区）	泵　站　名　称	所在河流（湖泊、水库、渠道）名称	工程任务
1	黄石市	阳新县	富池口泵站	富水	排水
2	鄂州市	鄂城区	湖北省樊口电排站	长港	排水
3	荆州市	洪湖市	新滩口泵站	四湖总干渠	排水
4	荆州市	洪湖市	高潭口泵站	排涝河	排水
5	省直管	仙桃市	排湖泵站	排湖电排河	灌溉，排水
6	省直管	潜江市	田关泵站	东荆河	排水
7	武汉市	洪山区	汤逊湖泵站	青菱湖	排水
8	武汉市	洪山区	北湖泵站	北湖港	排水
9	武汉市	东西湖区	塔尔头泵站	府澴河	排水
10	武汉市	东西湖区	白马泾泵站	府澴河	排水
11	武汉市	东西湖区	常青一期泵站	府澴河	排水
12	武汉市	蔡甸区	西湖泵站——泵站工程	汉阳河	排水
13	武汉市	蔡甸区	东湖泵站	长江	排水
14	武汉市	蔡甸区	大军山泵站	长江	排水
15	武汉市	江夏区	金口电排站	金水河	排水
16	武汉市	蔡甸区	李家墩泵站	府澴河	排水
17	武汉市	黄陂区	武湖泵站	长江	排水
18	武汉市	黄陂区	后湖泵站	黄孝河	排水
19	武汉市	新洲区	篾扎湖泵站	倒水	排水
20	武汉市	青山区	江边水站——泵站工程	长江	工业供水
21	武汉市	化工区	北湖闸泵站	长江	排水
22	武汉市	化工区	北湖二泵站	长江	排水
23	黄石市	大冶市	大冶湖泵站	大冶湖	排水
24	宜昌市	枝江市	百里洲泵站——泵站工程	采穴河	排水
25	襄阳市	襄州区	大岗坡泵站	唐白河	灌溉
26	襄阳市	枣阳市	大岗坡泵站	唐河	灌溉
27	襄阳市	枣阳市	石台寺泵站	唐河	灌溉
28	鄂州市	鄂城区	花洋湖泵站	花马湖、洋澜湖	排水
29	鄂州市	鄂城区	南迹湖泵站	南迹湖	灌溉，排水
30	荆门市	沙洋县	大碑湾泵站	汉江	灌溉
31	荆门市	钟祥市	郑家湾泵站	西大河	灌溉
32	孝感市	孝南区	北泾咀泵站——泵站工程	府澴河	排水
33	孝感市	孝南区	野猪湖排涝泵站	府澴河	排水
34	孝感市	云梦县	云梦泵站——泵站工程	府澴河	排水
35	孝感市	应城市	夹河沟泵站——泵站工程	汉北河	灌溉，排水
36	孝感市	汉川市	汉川泵站——泵站工程	汉江	排水
37	孝感市	汉川市	汉川泵站——二泵站工程	汉江	灌溉，排水

基本情况表

工程等别	装机流量/(m^3/s)	装机功率/kW	设计扬程/m	水泵数量/台	泵站管理单位名称
Ⅰ	200	16000	3.05	10	阳新县水利局富池电排站管理处
Ⅰ	214	24000	9.5	4	湖北省樊口电排站管理处
Ⅰ	220	18000	5.62	10	荆州市新滩口水利工程管理处
Ⅰ	220	18000	6.26	10	荆州市高潭口水利工程管理处
Ⅰ	202.5	21600	7.6	9	仙桃市排湖泵站工程管理局
Ⅰ	220	16800	5.38	6	湖北省田关水利工程管理处
Ⅱ	112.5	15000	8.69	15	武汉市汤逊湖泵站管理处
Ⅱ	64	8000	7.56	8	武汉化学工业区北湖泵站
Ⅱ	189	20000	8.26	20	武汉市东西湖区塔尔头泵站
Ⅱ	160	20400	8.66	6	武汉市东西湖区白马泾泵站管理站
Ⅱ	53.6	6400	9.4	8	武汉市排水泵站管理处常青排水站
Ⅱ	67.2	6400	7.42	8	武汉市蔡甸区西湖泵站
Ⅱ	90	10000	8.38	10	武汉市蔡甸区东湖泵站
Ⅱ	81	10000	8.32	10	武汉市大军山泵站管理处
Ⅱ	144	13200	7	6	湖北省金口电排站管理处
Ⅱ	60	20400	8.6	6	武汉市东西湖区李家墩泵站
Ⅱ	64	8000	10.65	8	武汉市黄陂区国营武湖泵站
Ⅱ	122.5	5400	5.74	3	武汉市排水泵站管理处
Ⅱ	50	6000	8.09	6	武汉市新洲区篾扎湖泵站
Ⅲ	49.67	11250	20	9	武钢能源处
Ⅱ	90	15000	10.2	10	武汉化工新城建设开发投资有限公司
Ⅱ	86	12000	9	4	武汉化工新城建设开发投资有限公司
Ⅱ	120	9600	5	6	大冶湖枢纽工程管理局
Ⅱ	54.72	5835	6.55	21	枝江市百里洲泵站管理处
Ⅲ	29.01	9450		19	双沟镇农业水利服务中心
Ⅱ	15.6	18475		37	枣阳市大岗坡引唐灌溉管理处
Ⅲ	10.4	3888		9	枣阳市石台寺提灌工程管理处
Ⅱ	64	6400	7	8	花马湖电排站管理处、洋澜湖电排站管理处
Ⅱ	81.86	9050	7.3	61	南迹湖泵站管理处
Ⅱ	34	14980		22	沙洋县大碑湾泵站管理处
Ⅲ	35.3	9470		19	钟祥市郑家湾电灌站
Ⅲ	50	3600	7.2	2	孝感市北泾咀泵站
Ⅱ	63	4800	5.6	3	孝感市北泾咀泵站
Ⅱ	51	4800	6.63	6	云梦县排灌工程管理总站
Ⅱ	51	4800	8	6	应城市夹河沟泵站
Ⅱ	156	13800	7	6	湖北省汉川泵站管理处
Ⅱ	140	11200	5.96	4	湖北省汉川泵站管理处

序号	地区	县（市、区）	泵站名称	所在河流（湖泊、水库、渠道）名称	工程任务
38	孝感市	汉川市	沉湖五七泵站	沉湖北干渠	排水
39	孝感市	汉川市	分水泵站——泵站工程	汉江	排水
40	孝感市	汉川市	庙头（大沙）泵站——泵站工程	汉江	灌溉，排水
41	荆州市	沙市区	莲花泵站	莲花垸渠	排水
42	荆州市	荆州区	李家嘴泵站	沮漳河	灌溉
43	荆州市	公安县	玉湖泵站	官支河	排水
44	荆州市	公安县	东港垸泵站	松滋河东支	排水
45	荆州市	公安县	法华寺泵站	浀水	排水
46	荆州市	公安县	荆江泵站		灌溉
47	荆州市	公安县	黄山电力排水站——泵站工程	荆江分洪总排渠	排水
48	荆州市	公安县	闸口一站——泵站工程	荆江分洪总排渠	排水
49	荆州市	公安县	闸口二站——泵站工程	荆江分洪总排渠	排水
50	荆州市	石首市	冯家潭泵站	长江	排水
51	荆州市	石首市	上津湖泵站	上津湖	排水
52	荆州市	石首市	大港口泵站	中湖	排水
53	荆州市	石首市	联合垸泵站		排水
54	荆州市	监利县	螺山泵站	长江	排水
55	荆州市	监利县	杨林山电排站	杨林山电排渠	排水
56	荆州市	监利县	半路堤泵站	长江	排水
57	荆州市	监利县	新沟电力排灌站	监新河北段	灌溉，排水
58	荆州市	洪湖市	南套沟泵站	南港河	灌溉，排水
59	荆州市	洪湖市	洪湖大沙泵站	长江	排水
60	荆州市	松滋市	小南海泵站	松滋河西支	排水
61	荆州市	松滋市	大同垸泵站	松滋河东支	排水
62	黄冈市	红安县	火连畈泵站	倒水	灌溉，排水
63	黄冈市	浠水县	望天湖泵站	望天湖	排水
64	黄冈市	蕲春县	赤东湖泵站	赤东湖	排水
65	黄冈市	黄梅县	八一电排站——泵站工程	东港	排水
66	黄冈市	黄梅县	清江口电排站	长江	排水
67	咸宁市	咸安区	向阳泵站		灌溉，排水
68	咸宁市	嘉鱼县	余码头电力排灌站	长江干流中下段南岸混合一区	灌溉，排水
69	随州市	广水市	高干渠泵站	徐家河水库	灌溉，排水
70	省直管	仙桃市	杨林尾泵站	东荆河	排水
71	省直管	仙桃市	徐鸳口泵站	汉江	灌溉
72	省直管	仙桃市	沙湖泵站	沙湖电排河	排水
73	省直管	仙桃市	大垸子泵站	通顺河	排水
74	省直管	潜江市	幸福电排站——泵站工程	东荆河	排水
75	省直管	潜江市	老新泵站	东荆河	灌溉，排水

续表

工程等别	装机流量/(m^3/s)	装机功率/kW	设计扬程/m	水泵数量/台	泵站管理单位名称
Ⅱ	120	11600	7.2	6	五七泵站管理处
Ⅱ	80	8400	9	3	汉川泵站分水管理处
Ⅱ	60	6000	7.8	6	汉川市庙头泵站
Ⅱ	56.7	5680		36	荆州市沙市区水利局岑河水利管理站
Ⅱ	21.61	10960	32	25	荆州市荆州区李家嘴电力灌溉站
Ⅱ	87.98	8670		35	公安县玉湖电力排灌站
Ⅱ	103.4	11750		47	公安县东港垸泵站管理处
Ⅱ	98.4	11000		20	公安县法华寺电力排灌站
Ⅱ	120	12000		4	
Ⅱ	51	4800	6.35	6	公安县荆江分洪区黄山电力排水站
Ⅱ	51	5400	6.9	6	公安县荆江分洪区闸口泵站管理处
Ⅱ	120	12000	5.3	4	公安县荆江分洪区闸口泵站管理处
Ⅱ	76.5	7485		15	石首市冯家潭泵站
Ⅱ	76.2	6390		22	石首市上津湖泵站
Ⅱ	53.8	4130		8	石首市大港口泵站
Ⅱ	75	6400		40	
Ⅱ	150	13200	8	6	监利县螺山电排站
Ⅱ	80	10000	7.85	10	监利县杨林山电排站
Ⅱ	76.8	9600	9.35	3	监利县半路堤电力排灌站
Ⅱ	52	4800	5.96	6	监利县新沟电力排灌站
Ⅱ	78	7200	6.69	4	洪湖市南套沟电力排灌站
Ⅱ	123	12840		78	洪湖市大沙电力排灌站
Ⅱ	89	9090		42	松滋市小南海泵站
Ⅱ	55	5500		22	松滋市大同垸水委会
Ⅲ	6.95	2460		5	红安县小水电公司
Ⅱ	54	5500		22	浠水县望天湖泵站
Ⅱ	54	4800	4.88	6	蕲春县赤东湖泵站管理处
Ⅱ	51	6000	7.68	6	黄梅县电排电灌站管理处
Ⅱ	51	6000	7.82	6	黄梅县电排电灌站管理处
Ⅲ	20	2120		12	向阳湖奶牛场和官埠桥镇
Ⅱ	64	8000	10.7	8	嘉鱼县余码头电力排灌站
Ⅲ	16.33	9230		18	广水市高干渠泵站
Ⅱ	99	9000	6.91	3	仙桃市杨林尾泵站工程管理局
Ⅱ	80	6000	4.55	4	仙桃市水务局（仙桃市防汛抗旱指挥部办公室）
Ⅱ	120	12000	6.51	6	仙桃市沙湖泵站工程管理局
Ⅱ	181	21000	7.7	6	仙桃市大垸子泵站管理所
Ⅱ	102.4	7200	4.52	4	潜江市幸福电排站
Ⅱ	89.97	7032		29	潜江市老新电排站

附表Ⅵ　大型水闸

序号	地区	县（市、区）	水闸名称	所在河流（湖、库、渠、海堤）名称	水闸类型
1	武汉市	新洲区	龙口节制闸	倒水	节制闸
2	孝感市	安陆市	解放山水利枢纽——水闸工程	府澴河	节制闸
3	荆州市	公安县	荆州市荆江分洪工程进洪闸	长江	分（泄）洪闸
4	黄冈市	浠水县	浠水县四级电站——水闸工程	浠水	节制闸
5	省直管	潜江市	南水北调中线工程兴隆水利枢纽——水闸工程	汉江	节制闸
6	省直管	仙桃市	杜家台分洪闸	汉江	分（泄）洪闸
7	武汉市	蔡甸区	黄陵矶闸	通顺河	分（泄）洪闸
8	黄石市	阳新县	富池大闸	长江	排（退）水闸
9	黄石市	阳新县	三溪河拦河闸	三溪河	节制闸
10	黄石市	阳新县	网湖分洪灭螺控制闸	富水	分（泄）洪闸
11	黄石市	大冶市	高河闸	高河	节制闸
12	宜昌市	当阳市	向家草坝水库拦河闸	沮漳河	节制闸
13	鄂州市	鄂城区	樊口大闸	长江	排（退）水闸
14	孝感市	应城市	龙赛湖闸（分洪闸）	汉北河	分（泄）洪闸
15	孝感市	汉川市	新沟闸（排水闸）	汉北河	排（退）水闸
16	荆州市	公安县	荆江分洪工程节制闸（南闸）	虎渡河	节制闸
17	黄冈市	浠水县	浠水县二级电站——水闸工程	浠水	节制闸
18	咸宁市	咸安区	大畈陈闸拦河闸	淦河	节制闸
19	咸宁市	崇阳县	天城节制闸	陆水	节制闸
20	咸宁市	通山县	九宫河拦河闸	横石河	节制闸
21	咸宁市	通山县	湄港河拦河闸	富水	节制闸
22	咸宁市	赤壁市	节堤航电闸	陆水	排（退）水闸
23	随州市	曾都区	随州市白云湖拦河闸	府澴河	节制闸
24	随州市	曾都区	随州市望城岗拦河闸	府澴河	节制闸
25	恩施土家族苗族自治州	巴东县	杨家坝电站水库——水闸工程	沿渡河	节制闸

基本情况表

最大过闸流量/(m³/s)	工程规模	闸孔数量/孔	闸孔总净宽/m	水闸管理单位名称
5880	大（1）型	19	190	武汉市新洲区龙口大闸管理所
6500	大（1）型	12	120	安陆市解放山水库管理处
7700	大（1）型	54	972	荆州市荆江分洪工程南北闸管理处北闸管理所
5483	大（1）型	18	180	浠水县白莲河四级电站
19400	大（1）型	56	784	湖北省南水北调兴隆水利枢纽工程建设管理处
5300	大（1）型	30	363	湖北省汉江河道管理局杜家台分洪闸管理分局
2008	大（2）型	9	63	武汉市蔡甸区黄陵矶闸管理处
3330	大（2）型	10	60	阳新县富池长江河道堤防管理段
1000	大（2）型	7	63	三溪镇人民政府
1000	大（2）型	6	54	阳新县富河河道堤防管理段
1300	大（2）型	14	78	大冶市金牛镇政府
8000	大（2）型	9	108	当阳市黄家湾水电站
1050	大（2）型	11	71.5	鄂州市樊口大闸管理处
1400	大（2）型	6	36	应城市汉北堤防河道管理段
1500	大（2）型	4	94.4	汉川市新沟闸管理站
3800	大（2）型	32	288	荆州市荆江分洪工程南北闸管理处南闸管理所
4750	大（2）型	14	140	浠水县白莲河二级电站
1430	大（2）型	11	42.75	咸安区浮山办事处大畈村民委员会
4563	大（2）型	13	130	崇阳县青山水库管理局
1995	大（2）型	10	80	通山县富洋水电开发有限责任公司
2110	大（2）型	7	8	通山县水利局
4000	大（2）型	8	14	赤壁陆水河航电开发有限公司
4299	大（2）型	20	200	随州市白云湖水利工程管理局
3400	大（2）型	12	144	随州市白云湖水利工程管理局
1713	大（2）型	3	24	湖北省巴东县沿渡河电业发展有限公司